# 我々は生命を創れるのか

## 合成生物学が生みだしつつあるもの

藤崎慎吾　著

カバー装幀　芦澤泰偉・児崎雅淑
カバー画像　岩崎秀雄「Culturing〈Paper〉cut」（2018年版）
本文デザイン　齋藤ひさの（STUDIO BEAT）
本文図版　さくら工芸社

## 第二章 「生命の起源」を探す 49

## 第四章　「生命の終わり」をつくる　169

# 本書の起源

## 「母なる海」への疑問

「地球の生命は、どこで誕生したのか？」という「問い」がある。多くの人が、これに対して「海」と答えるだろう。

だって「母なる海」というし、生物は海から陸へ進出してきたというし、生命史を扱ったドキュメンタリー番組などを見れば、まず出てくるのは海中を漂う原始的な細胞のＣＧだし……。

実際、僕が講談社ブルーバックスのウェブサイトで「生命１・０への道」という連載〔注1〕をしていたとき（二〇一七～一九年）、読者を対象にこの問いに対するアンケートをとってみたところ、半数以上が「海」と答えていた（本稿執筆時点での回答者数は五二人）。

また、ある国立大学で教鞭をとっている研究者（本書でのちほど登場する）は毎年、新入生に講義を始めるとき、「生命はどこで生まれたと思いますか」と聞くことにしている。すると九〇％くらいが「海」と答えるそうだ。

しかし理由を尋ねると、やっぱり「なんとなく」とか「テレビでやってたから」などと、必ずしも明快ではない。

〔注1〕サイトのＵＲＬはhttps://gendai.ismedia.jp/list/serial/seimei10。タイトルにある「生命1・0」は、生命が誕生する過程をソフトウェアのバージョンアップになぞらえて、最初の完成版である現生生物を表現した筆者の造語。

かく言う僕も五、六年前くらいまでは海だと思っていた。さすがに「なんとなく」ではないのだが、本やテレビで得た知識がもとになっている。

また「生命の起源」を追究する研究者の間でも、海で誕生したという説が主流であるように感じていた。つきあいのある研究者に偏りがあったかもしれないが、実際に数年前までは、そうだったと思う。

今でも海が最有力候補にはちがいない。しかし最近は、それに対するさまざまな異論も力を持ちはじめている。かなり不穏な情勢だ。もしかしたら「陸」や「宇宙」で誕生したことになるかもしれない（第二章で詳しく述べる）。

まず、そこに興味を抱いた僕は、二〇一六年ごろから本格的な取材を始めた。すると、ほどなくして「そもそも生命とは何か？」という問題に、真正面からぶち当たらざるをえなくなった。

何をもって最初の生命とするかは、研究者によって意見が分かれる。それによって「どこで誕生したか」も変わってくるのだ。

## 「宇宙生物学」との出会い

僕が「生命の起源」という問題を強く意識しはじめたのは、かれこれ四半世紀前のことだった。当時、ある月刊科学雑誌の編集者だった僕は、その雑誌としては初めてのテーマで特集記事を企画し、誌面づくりを進めていた。

特集のタイトルは「宇宙生命科学入門」である。

近年は「アストロバイオロジー」と横文字で称されることも増え、すっかり天文学や生物学の一分野として定着したかに見える「宇宙生命科学」あるいは「宇宙生物学」だが、四半世紀前はまだ耳新しかった。

どういう分野かというと、ほぼ読んで字のごとしである。大雑把に言えば二つの方向性に分けられ、一つは地球の生物が宇宙へ出たときに、どうなるか、どういうふるまいをするか、といったことの研究である。この「生物」には宇宙飛行士などの「人間」も含まれ、その場合は「宇宙医学」という、やはり新しい学問と重なったりする。

もう一つの方向性は、地球外に生命そのもの、あるいは生命の痕跡や兆候、または生命存在の可能性を探っていくという研究だ。こちらは「圏外生物学（エクソバイオロジー）」と呼ばれたりもする。いわゆる「宇宙人」探し――地球外知的生命探査（ＳＥＴＩ）も、これに含まれる。横文字の「アストロバイオロジー」は、こちらを指すことが多い。

僕が企画していた特集記事も、この方向性で内容を大きく二つに分けた。僕は圏外生物学のほうを主に担当した。これは楽しかった。

何しろタイトルページの見開きが「現在の火星（極冠付近）に生息する生物の想像図」であ

る。イラストや写真などのビジュアルを重視する雑誌なので、特集のオープニングとしては「これ以外はないだろう」と思ったことを、ストレートにやったわけだ。

しかし、この雑誌には「お硬い」一面もあって、科学的根拠に乏しいとみなされることには、なかなか手を出せなかった。もちろんUFOや霊魂みたいなオカルト系は一切ダメ——。その点「火星の生命」には微妙なところもあったのだが、何とか実現できた。

今でもそのイラストを見ると、にんまりしてしまう。妙なイモムシや昆虫みたいなのが地中を這っていたり、キノコみたいな生物が傘を広げたり縮めたりしている。

また別の見開きには「火星が水惑星だったころ生息していた生物の想像図」もあって、そこには「火星クラゲ」や「火星クジラ」が泳ぎ、「火星カイメン」が水底に揺れていた。後にも先にも、こんな怪しげな絵を載せた月号は、たぶんないだろう。

こうしたイラストを制作するために、とあるホテルのラウンジで宇宙生物学の研究者数人（その一人は本書でのちほど登場する）とデザイナー、そして僕は何時間もディスカッションした。火星の環境をふまえて「こんな生物いるんじゃないか」「こんなのも、いそうだよねえ」という話が研究者から出ると、それをデザイナーが片端から絵にしていく。そのラフな絵を見ながら、また、「もっと、こういう形をしていたほうがいい」とか「それなら、こんなやつがいたっていいかも」などと、なかなかアイデアは尽きなかった。

これは「知的な遊び」の域を出ないかもしれないが、そこで前提としているのは地球の生命に関する知識である。「地球では生命が、どこそこで誕生し、このように進化してきたと思われるから、火星にも地球のどこかに似た環境がある（あった）とすれば、こういう生物がいてもいいだろう」という論法である。

これは圏外生物学を研究するうえでも基本的な前提の一つだ。ゆえに宇宙生物学者は、地球生命の起源や進化についても研究していることが多い。我々のルーツに対する見方が変われば、宇宙における生命の見方も変わってくる。もし「生命起源学」という分野があるとすれば、それは宇宙生物学の一部と言っていいだろう。

## 秘密結社「火星クラブ」の一五年

科学雑誌の編集者を辞めて、映像制作会社を転々とし、やがてフリーの物書きとなったあとも、宇宙生物学者の方々とは積極的に交流するようにしてきた。そのために自ら「火星クラブ」という怪しげな「秘密結社」を立ち上げ、年に数回、一〇人前後が顔を合わせる機会もつくった。

そこには「長老」的な立場の人もいて、誰かが会員になりそうな知り合いを連れてくると、イニシエーションの儀式を行ったりする（質問攻めにするだけだが）。とはいえ基本的には単なる飲み会で、雑談まじりに近況報告や情報交換をする程度のユルい集まりだ。宇宙生物学者には呑ん兵衛が多いのである。

そうしたつきあいの中で、僕もいろいろと勉強させてもらい、さまざまな研究の動向に触れ、最新の知識を仕入れてきた。これまでは、そういう「ネタ」を主にフィクション（小説）の中で利用してきた。しかし、いつかはノンフィクションとして、一冊の本にまとめてみたいとも常々、考えていたのである。

しかし考えているだけで、いつの間にか一五年以上の歳月が流れてしまった。それは僕が、どちらかと言えばフィクションに軸足を置いていたことが大きい。ただ、もう一つ理由を挙げるなら、ここ一五年ほどの間は、一般の人でも驚いてくれそうな「大ネタ」が、あまりなかったように感じていたせいでもある。

とくに生命の起源に関する研究では、今でもフラスコの中で電気火花を散らすような実験が行われている。火花の代わりに加速器からの陽子線を使うといったスケールアップはあるが、検証しているのは、太古の地球を想定した模擬環境で、アミノ酸のような生物の部品ができるかどうかである。それは、ここ何十年も変わっていないスタイルだ。

一方で、新しい動きや発見は、常にある。非常に目覚ましいのは、アメリカのケプラー宇宙望遠鏡などによって、太陽系外惑星が次々と発見されたことだろう。また太陽系内でも、小さな衛星や準惑星の予想外に活発な姿が明らかとなり、水があるとみなされる天体も増えてきた。つまり、地球外に生命が見つかる可能性は、どんどん高まっている。

国際宇宙ステーション（ＩＳＳ）を利用した研究も、日本の研究者を中心に進められている。「たんぽぽ計画」と呼ばれるこのプロジェクトでは、アミノ酸や、その材料を天然の宇宙線や紫外線に晒したり、地球の微生物が宇宙空間でも生き延びられるかどうかを試したり、ＩＳＳのまわりで塵を採集したりしている。加速器を使う実験がさらにスケールアップした、かなり画期的な試みだと思うが、今のところメディアを騒がせそうな新事実や新発見は出ていないようだ。

海のほうでも、深海の温泉地帯で注目すべき発見があった。地下から熱い水が噴きだしているような海底では、微弱ながら常に「電気」が発生しているらしい。いわば天然の発電所になっているのだ。一方で、植物が光を利用して有機物をつくりだすように、電気を直接利用して有機物をつくりだす細菌が見つかりはじめている。この二つを組み合わせると、最初の生命が原始地球の海底温泉で、電気を「食べて」いた可能性が出てきた。かなりユニークなアイデアだが、その検証はまだまだ、これからである。

というわけで、僕のような科学オタクには面白い話がいくつも転がってはいる。しかし、それを一般向けに書くとなると、今ひとつ自信が持てないというか、すでにある生命起源関連の本と、大きなちがいは出せない気がしていた。

## 「合成生物学」の危険な香り

考えが変わったのは「『細胞を創る』研究会9・0」に参加したのがきっかけだ。奇妙なタイトルだが、ざっくりと言えば、人工的に生命をつくろうとしている研究者たちの発表会である。最初の印象としては、まさに「マッド・サイエンティスト」の集まりで、かなりの衝撃を受けた。

前世紀の終わりごろ（一九八〇〜九〇年代）、コンピュータの中で仮想的な人工生命（AL）をつくりだし、そのふるまいを調べたり、進化のシミュレーションをしたりする研究が流行って（はやって）いた。「たまごっち」のようなゲームを、もっと学術的にしたような感じだろうか。ところが今世紀に入って、いつの間にか目立たなくなってしまった。

しかし「細胞を創る」研究会は、デジタルな材料やプログラムではなく、ちゃんと「なまもの」で生命をつくろうとしているようだった。つまり、我々の体を構成しているのと同じ物質を使うのである。SF小説も書く僕でさえ「えっ、本気ですか」と声を上げたくなった。

聞いてみると本気も本気、大真面目なのだ。しかも、けっこういいセンまで行っているように思えた。素人目には本物の細胞と区別のつかないようなミクロの粒が、勝手に動きまわったり、分裂したりする顕微鏡映像を見せられて、正直、ぞくっとした。「これ、やばいんじゃないか」「どこまで本物に近づいているのだろう」と、がぜん興味がわいた。

これは分野的に言うと「合成生物学」の一部である。

ヒトゲノムの解読で有名なアメリカの分子生物学者クレイグ・ベンターは、すでに「生命を人工的につくりだした」と豪語している。彼らは自然界に存在する細菌Aのゲノム（遺伝子のセット）を読み取り、それを部分的に改変して「新たな」ゲノムを設計した。次に、そのゲノムを人工的に合成し、近縁の細菌A'に移植した。すると分裂をくり返していくうちに、細菌A'は人工ゲノムの特徴をもつ「新たな」細菌になっていった、という話である。

いうなればアップル社のパソコン「マック」をハッキングして、オペレーティング・システム（OS）の一部を書き換え、その改変版OSを別のマックに移植して、起動させたようなものだ。しかし、これで「新たなパソコンを一からつくった」と言えるだろうか？

細菌はゲノムを変えれば、細胞全体が変化していく。OSを変えると、パソコンのハードウェアまで変わっていくようなものだ。そうなれば確かに、どこかの時点で新しいパソコンができるような気もするが、個人的にはモヤモヤが残る。

詳細は第三章に譲るが、「細胞を創る」研究会で出会った研究者たちは、もっと泥臭いことをやっている。パソコンのたとえを使えば、その筐体(きょうたい)からCPU、メモリ、入出力装置に至るまで、すべてを一からつくりだし、組み立てようとしているのだ。いわゆる「リバースエンジニアリング」である。

取説や参考書などなしに、パソコンのことを詳しく知りたいと思ったら、まずはいろいろと使ってみて、どんなふるまいをするか観察しようとするだろう。しかし内部が、どういう仕組みになっているかを、観察だけで知るのは不可能だ。

となれば次にやるのは分解である。ばらばらにしてみて「こんな部品を使っているのか」「こんなふうに部品がつながっているのか」といったことを調べていく。だが、それでも完全な理解に至るのは難しい。最後は一から組み立て直して、元通りに動いたら、おそらく理解できたことになる。

それは生命も同じで、観察や解剖（ＤＮＡやタンパク質の解析などを含む）だけからわかることには限界がある。一からつくりだすことができたとき、ようやく理解できたことになるのではないか――合成生物学の手法を用いた生命の研究というのは、そのような考えが背景にある。

生命の起源について言えば、化石を調べたり、太古の地球に似た環境にいる生物を観察・解剖したり、フラスコ内にそういった環境をつくって火花を散らし、何が起きるかを見るといったアプローチも当然必要だろう。だが、それに加えて、現存の生物が使っている物質を人工的に組み合わせ、最初の生命らしきものをつくってみる、といった努力もしてみれば、さらに理解が進むのではないか、ということだ。

「細胞を創る」研究会で、僕はまったく新しい風が吹いてくるのを感じた。そして、いくぶん「危険な香り」も嗅ぎとった。「これなら、いけるかも」と思った。

## 「細胞をつくる研究」の研究

以後は生命の起源に興味をもつ合成生物学者を、ひたすら追いかけていった。彼らの大半は、やはり「マッド」というか、一風、変わった人が多い。しかし生命倫理を逸脱しているわけでは(今のところ)ない(たぶん)。むしろ自分がやっていることの「やばさ」をよくわかっており、それゆえにか「生命とは何か」という問題を、科学という枠にとらわれず常に考えている。

一方で、従来の観察や解剖を重視する研究者の多くは、「生命とは何か」を問うときも科学の枠から逸脱することを嫌う。倫理的な問題がからんでいなければ、それが科学者として普通の態度かもしれない。人にもよるとは思うが、大雑把な傾向として、僕はそんな印象を持った。

「細胞を創る」研究会という名称も、単に「細胞を創る研究会」ではなく、わざわざ「細胞を創る」とカギカッコをつけているのには意味がある。そこに所属する研究者たちは、名称通り人工的に細胞をつくる研究をしているわけだが、同時に「細胞をつくる」ことの社会的な影響や文化的な意義をも追求している。そういう「メタな」研究もしているのだと、アピールしたいらしい。

そこにも僕は惹かれた。第四章では、そのメタ合成生物学とも言うべき試みを紹介しながら、「生命とは何か」あるいは「死とは何か」という問いについて、哲学や芸術といった視点からも考えてみたい。

また、最近の合成生物学では、地球環境にこだわらず、他の天体にいそうな生命や、まったく仮想的な「ありえた」「ありうる」生命をつくりだそうという動きも盛んになっている。それによって地球の生命に限定されない、より「普遍的な」生命像を模索しようとしているらしい。これを踏まえて最後の第五章では、生命がもっている可能性の大きさを、過去から未来、あるいは宇宙全体を俯瞰しながら、いくつかの事例を挙げつつ示していこうと思っている。

おおむね以上のような経緯で、本書の構想はできあがっていった。それを語ることで、本書の概要も示したつもりである。また、僕の主観的な印象は含まれているものの、近年の「生命の起源」をめぐる研究動向に触れ、いくつか予備知識を仕入れていただいた。

ところで本書の起源を問うとしたら、どこに求めるべきだろう。僕が「生命1・0への道」を連載しはじめたときか。あるいは「細胞を創る」研究会に参加したとき？　それとも「火星クラブ」を設立したときだろうか。はたまた「宇宙生命科学入門」という特集記事を企画したときまでさかのぼる？

どこを起源としても、まちがいではないはずだ。極端な話、僕が生まれたときが起源だと言っても、かまわないだろう。

次の第一章では、そんな話から始めるつもりだ。しかし、まだるっこしいと思う読者は、第二章から読みはじめていただいてまったくかまわない。それで第四章まで読み進めたら、第一章に戻っていただくのも一興かと思う。

# 第一章

# 「起源」の不思議

## 1 僕はいつ「生命」になったのか

本書の主要なテーマは「生命の起源と未来」である。その普遍的かつ壮大な「問い」に、いきなり真正面から切りこんでいくのも、ドン・キホーテのようで潔い。しかし僕は小心者なので、もう少し身近なところから始めたいと思う。

### 法律的には「全部露出」したとき？

まずは自分がいつ「生命」になったのか、である。これは自明なはずだ。母親のお腹から「オギャア」と生まれた瞬間である。感覚的には、そう思うのがいちばんすっきりする。しかし、よく考えはじめると、だんだん怪しくなってくる。

日本の民法では、ヒトが「人」として認められる時期を「出生」と定めている。刑法に明確な規定はないが、やはり民法に準じて「出生」とみなすことが通例だという。ただ、この「出生」をどう定義するかには、いまだに議論があるらしい。

たとえば次のような説がある——①陣痛が始まったとき（陣痛開始説）、②胎盤経由ではなく自分の肺で呼吸しはじめたとき（独立呼吸説）、③胎児の体が母体から全部出たとき（全部露出説）、④胎児の体の一部が母体から出たとき（一部露出説）、⑤母体外で自ら生命を保持できるようになったとき（生存可能説）、などなど。

日本では、刑法の場合は④の一部露出説、民法の場合は③の全部露出説を採用することが多いらしい。一般人の感覚からすると「なんじゃそりゃ」であろう。産道から頭だけ出たときと、足まで出たときとの間に、どんなちがいがあるというのか——。しかし裁判では大真面目に論争された問題である。

そもそも民法と刑法で見解がちがっていいのか、とも思う。しかし現状では、そうなっている。しかも刑法には「堕胎罪」というのがあり、胎児を母体内で殺すことは「罪」とされている。これは「出生」前の胎児も、おおむね「人」とみなしていることに、ならないのだろうか。

もっと細かいことを言えば、この堕胎罪には「母体保護法」に基づく許容規定があって、「胎児が、母体外において、生命を保続することのできない時期」であれば、一定の条件の下で「人工妊娠中絶」をしても許されることになっている。現在、この時期については厚生事務次官通知によって「通常妊娠満二二週未満」とされている。しかし昭和二八年では妊娠八月未満（母体保護法の前身である優生保護法）、昭和五一年では妊娠満二四週未満（同前）とされていた。つまり医療技術の進歩によって、だんだんと早まっている。

ＮＨＫ放送文化研究所が二〇一四年、日本全国の一六歳以上を対象に行ったアンケート調査によると、「人のいのちの始まり」については過半数の五二％が「胎児（おなかの中にいるとき）」と答えている。次に多いのが「受精卵（胚）」の二三％、その次が「精子や卵子」の一六％、そして「新生児（生まれた後）」は、たったの八％だった。

おそらく欧米では、かなりちがった結果になるだろう。なぜならキリスト教においては受胎したとき、すなわち受精卵が人のはじまりとみなされているからだ。したがって中絶や堕胎は、どんな時期であっても罪となる。

そしてキリスト教圏の影響が大きい現代の科学においてもまた、人間が生命になるのは受精卵から、という暗黙の了解があるように見える。ヒトの初期胚を壊して「ＥＳ（胚性幹）細胞」を取りだし、研究や医療などに使うことの是非が厳しく問われているのは、そのためだろう。

しかし人間にこだわらず、細菌を含めた他の生物のことも考えれば、卵子や精子であっても立派な「生きた」細胞に思えてくる。そして、それらの細胞は、すでに生命となっている女性や男性の一部だったわけだ。で、その男女がいつから生命になったかといえば……という具合に考えていくと、ループしながら結局、四〇億年前までさかのぼってしまう。

**文化や時代によっては嬰児でもまだ「精霊」**

日本や欧米以外の文化圏において、あるいは日本であっても一昔前の「いのちの始まり」を考えてみると、またちがった様相が見えてくる。

ちょっと極端な例を出せば、南米のジャングルでいまだ現代文明とは隔絶された生活をおくっている「ヤノマミ族」だ。彼らは「シャボノ」と呼ばれる一種の共同住宅で暮らしているのだが、子供を産むときには必ず森の中に入る。その産み落とした子供を母親が抱き上げ、シャボノに連れて帰ってくれば、晴れて「人間」となる。しかし抱き上げる前は「精霊」と同じだ。

もし母親がシャボノへ連れて行かない決断をすれば、子供は精霊のまま天へと帰されることになる。具体的には赤ん坊の首を締めて息を止め、その遺体をシロアリの巣の中に入れる。何日かしたら、その巣に火を放って丸ごと燃やす。赤ん坊は煙となって天へ帰っていく。あくまでも精霊なので、これは「殺人」ではない。

また、アフリカのカラハリ砂漠に住む「クン族」や、北極地方に暮らすイヌイットの集団では「名前をつけた時が人の命のはじまり」としている場合があるという。子供が生まれても、しばらくは名前をつけずに様子を見る。そして何か障害をもっていることが判明したり、あるいは一家に育てる余裕がないとわかったりしたら、殺してしまう。命名式の前であれば、それは命ではないので許される。

ちょっと信じられないような話かもしれないが、日本でも明治時代のはじめくらいまでは、似たようなことが行われていた。

まだ中世に属する一五八三年、イエズス会の巡察使として来日したイタリアの宣教師アレシャンドゥロ・ヴァリニャーノ（一五三九～一六〇六）は、当時の日本人の風習や性格などに言及した著書『日本諸事要録』で「もっとも残忍で自然の秩序に反するのは、しばしば母親が子供を殺すことであり、流産させる為に、薬を腹中に呑みこんだり、あるいは生んだ後に（赤子の）首に足をのせて窒息させたりする」と書いている。

同時期に日本を訪れていたポルトガルの宣教師ルイス・フロイス（一五三二～一五九七）も、日本の文化や風習を列挙した著書『日欧文化比較』（一五八五年）で「ヨーロッパでは、生まれる児を堕胎することはあるにはあるが、滅多にない。日本ではきわめて普通のことで、二十回も堕(おろ)した女性があるほどである」「ヨーロッパでは嬰児(えいじ)が生まれてから殺されるということは滅多に、というよりほとんどまったくない。日本の女性は、育てていくことができないと思うと、みんな喉の上に足をのせて殺してしまう」などと書いている。

外国人の目につくくらい一般的だったこの行為は、近世になっても減りはしなかった。

よく「七つ前は神のうち」といわれる。数えで七歳になるまでの子供は、まだ人間になりきっておらず、神や霊などの世界に属するという意味だ。どうやら、この言葉は民俗学者の柳田國男(やなぎたくにお)（一八七五～一九六二）が、さほどの証拠もなく全国的に言われている諺(ことわざ)として広めてしまったものらしい。とはいえ地方によって、そのような表現があることは事実のようだ。

また、七歳とは言わないまでも、一定の時期になるまで子供を人間扱いしていなかったらしいことは、いわゆる「間引き」を意味する方言からもうかがえる。関東から東北地方、あるいは九州などでは「オカエシモウス」「モドス」「オシカエス」「オシモドス」「コガエシ」といったような表現があり、これらは嬰児を神なり霊の世界へ「返す」「戻す」という意味からきているのだろう。そうして殺した子供を筵(むしろ)などにくるんで川に流したり、木の枝に放置したりした。ヤノマミ族の風習と、ほぼ同じである。

間引きをするのは、貧困や飢餓を背景にしていることもあるが、どちらかというと不義や密通の子の始末であることが多かったようだ。日本では「夜這(よば)い」と呼ばれる密通行為が、近年まで大っぴらに行われていた。余談だが「河童(かっぱ)」や「座敷わらし」といった妖怪は、そのように始末された子供を暗に示している場合があるらしい。柳田國男の『遠野物語』にも、それを匂わせるエピソードが載っている(第五五話など)。筵にくるまれて川に流された子供は、まさに「河童の起源」なのかもしれない。

一方、名前をつけることに関しては、日本にも「お七夜」と呼ばれるような風習がある。要するに命名式だが、生後すぐにではなく七日目になって行われる。これが間引きに関わっているかどうかはわからないが、やはり七日目になるまでは人間扱いできないことを示しているようだ。

クン族やイヌイットと同じである。

自分という生命の起源くらい、すっきり定義したいと思っていた。しかし、どうやらそれは生まれた場所や時代によって変わってくる。また、法律や科学をもちだしてみても、その解釈は揺れている。

僕は昭和三七年生まれだから、おおむね生命だと認めてもらえたのは妊娠八ヵ月を過ぎたあたりだったかもしれない。だが、そのときにもし母親がヨーロッパのどこかに暮らしていたら、受精卵の段階で立派な生命とみなされただろう。一方、南米のジャングルに暮らしていたら、生まれ落ちた後でさえ、まだ生命ではなかったかもしれない。

人の命のはじまりは「点」ではなく、受精卵（あるいは精子や卵子）から新生児までの「線」でとらえなければならないのだろうか。一〇ヵ月以上という結構な長さだが——。

## 2 僕はいつ「生命」と出会ったのか

## きっかけは「死」を目撃したこと

前項では自分自身に目を向けて、生命のはじまりを検討してみた。今度は視線を外に向けてみたい。僕がこの世に生まれでてから（とりあえず全部露出したとき以降としよう）、初めて「生命」と出会ったのは、いつなのだろう。

いや、それは考えるまでもないことで、産道を出た時はおそらく産婦人科医の手の中にいただろうし、すぐそばには母親もいるわけだし、もうそのときには人間という生命と、すでに出会っているわけでしょう？

もちろん、そうなのだが、新生児の僕が医者や母親を生命として認識していたかどうかは、はなはだ疑問なのである。少なくとも医者と母親を、同じ生命というくくりで見てはいなかったはずだ。別々の、動いて声を発する何かである。

それは産院を出て、実家の布団に転がされ、やがて檻のようなベビーベッドに閉じこめられ、そこから脱走して床を這いまわり、ついに直立二足歩行を始めて以降も、しばらくは同じだった気がする。

親は子供に「これは生命よ」と通常は教えたりしない。そう教えられた記憶はないし、僕自身も幼い息子に、あえてそう言い聞かせたことはなかった。「これは犬」「これは猫」というように指で差し示したことは、大いにあった気がする。しかし「これは動物」「これは植物」みたいなことさえ、教えたことはない。

　僕は昆虫大好き少年だったが、おそらく小学校低学年くらいまでは昆虫を「生命」だとは認識していなかった。それは生命である前に「虫」であり「昆虫」だった。他の生物もおそらく生命である前に「犬」や「猫」「鳥」「魚」……であった。

　さらに言えば、小学校にあがる前くらいまでは、たぶん周囲にあるものすべてが、それらの生物と同列だった。「生きているもの」と「生きていないもの」を、あえて意識的には区別していなかった。

　母親は僕がかわいがって垢まみれになった縫いぐるみを捨てるために、「お人形の国に帰して、そこで幸せに暮らしてもらう」というフィクションをもちださなければならなかった。僕も一応それで納得したらしい。

　ぼんやりと僕が「生命」を意識しはじめたのは、逆説的だが「死」を目撃したことがきっかけだったと思う。

　たぶん小学校低学年以前の記憶だが、親戚の女性が布団に横たわり、顔に白い布をかけられ、枕元に真新しい包丁（守り刀の代わり）が置かれているのを目にした。ガラスの入った引き戸が開け放たれ、僕は庭から縁側を隔てて、布団の敷かれている部屋を見ていた。たまたま、そのときには周囲に誰もおらず、世界は僕とその女性しかいないかのごとく静まり返っていた。

今でも畳の上に置かれた包丁の鋭い刃が目に浮かぶ。女性が「死体」だとは認識しなかったと思うが、何か尋常ならざる事態が起きているとは気づいたかもしれない。初めて「死」をつきつけられ、「死んでいないもの」を意識せざるをえなくなっていった。

その後も小学生から中学生時代にかけて、飼っていたインコが死んだり、掌(てのひら)の中で一匹のホタルを死なせたりというような経験を経て、「生と死」や「生命」を具体的にイメージするようになっていったのである。

## 子供の「アニミズム」は「素朴生物学」

以上は個人の、それも幼いころの記憶だ。あやふやなところは、あるだろう。子供が「生命」という概念を、いつ獲得するかという研究は実際にあるので、少し紹介したい。

スイスの心理学者ジャン・ピアジェ（一八九六〜一九八〇）が、こうした分野（発達心理学）の先駆者である。彼は子供にあれこれと質問をし、その答えを分析することと（臨床的面接）で、さまざまな概念が、いつ、どのように獲得されていくかを検討した。そして生命に対する理解については、次の四段階があると結論づけている〔注2〕。

〔注2〕Jean Piaget『The Child's Conception of the World』London, Routledge & K. Paul（1929）

第一期（六歳以前）すべてのものに生命を認める。
第二期（六～八歳）すべての動くものに生命を認める。
第三期（八～一二歳）自発的に動くものに生命を認める。
第四期（一二歳以降）動物と植物に生命を認める。

第一期では、まさに僕がそうだったように、本物の生物も縫いぐるみも、まったく区別することがない。第二期では、たとえば石や植物や月は（子供の考えでは）動かないので、生きているとはみなさない。一方で自転車や自動車、風、川、雲などは動くので生命と考える。第三期になると、自転車や自動車は人が動かすもので、自発的に動いてはいないことを理解するため、生命とは思わなくなる。第四期になると、さらに知識が増えて、風や川、雲なども生命から除外する一方、植物は生きていると考えるようになる。

子供が成長とともに、このような段階を踏んでいくという考えは、ピアジェの死後四〇年近く経った今でも、おおむね支持されているようだ。しかし各段階の年齢については、もっと前倒しにする研究者が多くなっている。また「動く」「動かない」以外にも、子供はより多くの手がかり（たとえば、食べたり飲んだりするか、成長するか、など）を使って、生きものかどうかを判断していることが、その後の研究でわかっている。

ピアジェは第一期から第三期の、無生物にも生命を認めてしまう傾向を、子供の思考が未熟であることの現れとして、やや否定的に「アニミズム〔注3〕」と呼んだ。これものちの研究者によって批判的に再検討され、今ではむしろ、子供は大人が思っているより有能であり、彼らなりの一貫した理論に基づいて生物と無生物とを区別している、と考えられるようになった。

そしてピアジェが、やや安易に文化人類学から借りてきた「アニミズム」は、「素朴生物学」という言葉に置き換えられるようになっている。つまり科学的な「生物学」とは異なるが、子供が首尾一貫した説明に用いる生物学的な枠組み、というような意味である。そこでは霊魂が宿っているかどうかではなく、動くか動かないか、成長するかしないか、といったことが生命の認識に関わっている。この素朴生物学が、幼児期以降の子供において、いつどのように成立し、発展していくかという研究は、今でもさかんに行われている。

## 「生きている」の認識は「生きもの」の認識より広い

その中でも僕が面白いと思ったのは、教育心理学者の布施光代（ふせみつよ）さん（明星大学教

〔注3〕あらゆる事物や諸現象に霊魂（アニマ）や精霊が宿っていると考える観念や世界観。イギリスの文化人類学者エドワード・B・タイラー（1832〜1917）が、未開人の信仰や原始的な宗教の特徴を表す語として用いた。現在では、あまりに広く曖昧な概念だとして、学術的には以前ほど使われなくなっている。

授）らによる二つの研究だ。学術論文を僕がどれだけ正しく理解できたかわからないが、それらの一部を紹介したい。興味をもたれた方は、ネットでも入手可能なので、それらの論文を読んでいただくのがいいと思う。

一つ目は幼稚園の年中児（平均四歳九ヵ月）二五人と年長児（平均五歳一〇ヵ月）二八人、合計五三人を対象にしている[注4]。

布施さんらは先行研究の成果をもとに、次のようなことを考えた。「生きている」という言葉は非常に複雑なため、幼児はその使いかたについて、しばしば混乱したり、あるいは大人とは異なった意味に使ったりしている可能性がある。たとえば「属性としての生命」と「状態としての生命」は本来、区別されるべきものだが、幼児においては、曖昧になっているかもしれない。

前者は要するに「生きもの（生物）」のことで、後者は「生きている」ことだ。たとえば人間の死体は、属性としては生命だが、状態としては、もはや生命ではない[注5]。

布施さんらは、この「属性」「状態」の認識を、それぞれ「生物認識」「生命認識」と呼ぶことにした。そして、これらの認識を五三人の幼児が、どう理解しているか、そして年中児と年長児では、何かちがいがあるかどうかを調べた。

〔注4〕布施光代・郷式徹・平沼博将「幼児における生物と生命に対する認識の発達」心理科学（2006）第26巻1号
〔注5〕あえて科学的な文脈でとらえるなら「属性としての生命」は「状態としての生命」を維持するためのシステムだともいえる。そのシステムが働かなくなれば、状態としての生命は失われる。だが働かなくなったシステムは、故障して動かなくなった車でも「車」であり続けるように、相変わらず属性としては生命である。

| ヒト | 赤ちゃん、男の子 |
|---|---|
| 動物 | イヌ、サカナ、チョウ、貝殻 |
| 植物 | 木、花、オレンジ、枯れ枝 |
| 自然現象 | 雲、山、石、月、火 |
| 身体部位 | 骨、目、爪、手 |
| 無生物 | ロボット、人形、自動車、椅子、ケーキ |

表1－1 刺激対象の分類（幼児向け）

方法については省略するが、子供たちの反応を調べるために使った写真（刺激対象）は、表1－1の二四種類である。

統計学的な調査と分析を経て、布施さんらは次のような結論を出している。

①年中児（四歳）と年長児（五歳）のいずれにおいても、生物認識（生きものだと判断すること）と生命認識（生きていると判断すること）の明確な区別はなされていない。

②「オレンジ」と「ロボット」について、年中児は年長児より「生きものである（属性としての生命）」と判断する傾向が有意に[注6]高い。

③「オレンジ」と「雲」「人形」について、年中児は年長児より「生きている（状態としての生命）」と判断する傾向が有意に高い。

④有意差は出ないが、「オレンジ」と「ロボット」「雲」「人形」を除く大部分の刺激対象についても、年中児は年

〔注6〕統計学的に一定の水準で「偶然である可能性を排除できるほど」という意味。

長児より「生きものである」「生きている」と判断する傾向が高い。

これらをふまえて、布施さんらは次のような考察を加えている。

ⓐ生物認識（生きものだと判断すること）と生命認識（生きていると判断すること）の区別は、幼児期より後でなされるようになるのだろう。これは言語の発達と関係しているのかもしれない。

ⓑ有意差はなかったが、大部分の刺激対象について、幼児は「生きものである」と判断するより「生きている」と判断することのほうが多かった。たとえば年中児の場合、人形を「生きものである」と答えたのは二人だが、「生きている」と答えたのは六人だった。年長児でもロボットを「生きものである」と答えたのは一人だが、「生きている」と答えたのは四人だった。したがって幼児であっても、生物認識と生命認識の区別を持っている可能性は残されている。また、その場合、生物認識の対象より、生命認識の対象のほうが、より幅広いといえるかもしれない。

ⓒ全体として年中児のほうが年長児より広い生物認識や生命認識を持っており、その対象が自然現象や無生物にまで及んでいる。これは年中児がまだ素朴生物学を獲得しておらず、生物と無生物、あるいは生きているものと生きていないものの区別が、曖昧になっていることを表してい

| | |
|---|---|
| ヒト | 赤ちゃん、男の子 |
| 動物 | イヌ、スズメ、ヘビ、サカナ、チョウ、貝殻 |
| 植物 | 木、花、みかん、枯れ枝、葉 |
| 自然現象 | 海、雲、山、石、月、星空、火、太陽 |
| 身体部位 | 骨、目、爪、手、髪の毛、しっぽ |
| 無生物 | ロボット、人形、自動車、飛行機、椅子、ケーキ、ご飯、コップ、時計、折り紙、洋服、ボール、蛍光灯、信号、本 |

表1－2 刺激対象の分類（大学生向け）

るのではないか。

## 大人にも残っている素朴生物学

というわけで、以上の結論や考察に関しては、おおむね幼い僕の記憶や実感とも矛盾してはいない。しかし面白いのは、これからである。布施さんは、これとほぼ同じ実験を大学生八九人（平均年齢二一・四歳）に対しても行っているのだ[注7]。

刺激対象のカテゴリーは六つで同じだが、全体の数は幼児の時より多くなっている（表1－2）。これらに対して「生物だと思いますか」あるいは「生きていると思いますか」という質問をした。言うまでもなく前者は「生物認識」、後者は「生命認識」を意味している。

これも詳しい方法は省略するが、やはり統計学的な調査と分析の結果、大学生の回答が次のような四つの群（クラスター）に分類できるとわかった。これは主観ではなく計算によ

〔注7〕布施光代「生物概念と生命概念の階層構造」名古屋大学大学院教育発達科学研究科紀要. 心理発達科学（2004）Vol. 51

って「似たものどうし」と認められたグループのことである。

群の名前は、そこに含まれる刺激対象を研究者が見て、あとからつけた。たとえば「生物」群とは、「生物だと思われているらしき刺激対象の群」というような意味である。

【生物認識（生きものかどうか）についての回答】

「生物」群（一〇件）：サカナ、赤ちゃん、イヌ、チョウ、スズメ、ヘビ、男の子、木、花、葉

「無生物」群（三二件）：洋服、信号、コップ、蛍光灯、自動車、折り紙、椅子、飛行機、ケーキ、時計、ボール、本、石、ロボット、星空、人形、雲、ご飯、火、手、髪の毛、爪、しっぽ、目、海、山、月、太陽、貝殻、枯れ枝、骨、みかん

【生命認識（生きているかどうか）についての回答】

「生命」群（一九件）：イヌ、チョウ、スズメ、木、男の子、サカナ、赤ちゃん、ヘビ、花、しっぽ、目、海、山、葉、爪、手、髪の毛、太陽、みかん

「非生命」群（二三件）：星空、雲、月、火、枯れ枝、折り紙、洋服、飛行機、蛍光灯、椅子、

コップ、信号、ケーキ、自動車、ボール、本、石、ご飯、時計、ロボット、人形、貝殻、骨

一見して、まず「生命」群に含まれる刺激対象の数が、「生物」群のほぼ二倍もあることが目をひく。また生物認識においては、なぜか「無生物」群に入っていた「みかん」が、生命認識では「生命」群に入っていることも興味深い。

このような結果をふまえて、布施さんは次のような考察を行っている。

ⓐ大人は、生物と無生物の区別については、ほぼ科学的に正しい生物認識を持っていると考えられる。

ⓑ一方で、生命認識に含まれる対象は、命があるものだけでなく、身体部位や自然現象までを含めた広い範囲に及んでいた。このことから大人であっても、生物認識とは異なる生命認識を持っていることが示唆される。

ⓒしかも、その生命認識は生物認識を含みこむような、より広い概念であると推測される。

つまり、じゅうぶんな科学教育を受けてきた（はずの）二〇歳過ぎの大学生であっても、ある

意味で「素朴生物学」の片鱗（へんりん）を残しているのかもしれない。ピアジェ流に言えば「アニミズム」の片鱗である。

布施さんは今後の課題とした中で「素朴生物学研究では、素朴生物学を獲得するまでの過程についての研究は多数見られるが、素朴生物学からどのようにして科学的な生物学に変化するのかについては、まだ解明されているとはいいがたい」と述べている。

また別の著書では「素朴概念は、強固で変容しにくいという特徴があるため、学校での学習の中ではスムーズに科学的概念に変化しないかもしれない。このような場合、たんに科学的概念を教授するだけでは、あまり効果的とはいえないだろう」とも言っている。

以下は僕の解釈なのだが、前述した通り「状態としての生命」ではなくなった「属性としての生命」を死体だとすると、その逆は何だろう。つまり「属性としての生命」ではないのに「状態としての生命」を得ているものである。前者が後者を維持するシステムだとすれば、少なくとも科学的にはありえないわけだが、それを「ある」とするのが幅広い生命認識の裾野であり、いわばアニミズムではないか。

幼児はそもそも生物認識と生命認識が未分化なのだが、大人になると、かなりの程度、意識的に両者を使い分けられるようになる。しかし、もともと包含関係では生命認識のほうが広いために、どうしても、そちらに引きずられがちなのではないか。そして油断をすると、アニミスティックな裾野が、ちらりと顔をのぞかせる。さすがに霊魂や精霊までは持ちださないかもしれないが、科学的とはいえない（たとえば主観的・情動的な）判断基準が使われる。

では素朴ではない「科学的な」生命認識というのは、生物認識と完全に一致していることになるのだろうか。それは生命認識の消失とみることもできそうだが、実際に生物認識しかもたない人はいるのだろうか。

これについては第四章で、ちょっと衝撃的な事実とともに再び取り上げるつもりだ。

さて、前項「僕はいつ『生命』になったのか」では、自分という生命の起源さえ、はっきりとは決められないことがわかった。さらに本項で検討した結果、自分が生物と無生物、あるいは生命と非生命とを、ちゃんと見分けられるかどうかも怪しくなってきた。これで地球規模の「生命の起源」に、果たしてたどりつくことができるのだろうか。

身近なところからパズルを埋めていくつもりが、かえって先行きの不透明さを増やすことになってしまった。

## 3 二種類の「起源」

ここまでは「生命の起源」のうち、前半の「生命」にこだわって、身近なところから、その定義や認識について考えてみた。では後半の「起源」については、どのようにとらえておけばいいのだろう。

広辞苑をひもとけば「物事が起こる根源。物事のおこり。はじまり。もと」とあり、他の辞書でも大同小異だ。試しに『New Oxford American Dictionary』で「origin（起源）」をひいてみると「何かが始まったり、生じたり、得られたりする点、あるいは場所」となっている。「起源」という日本語からは感じにくいが、「origin」だと「点」だけでなく場所という「面」のニュアンスも含むようだ。

### 「点」であり「面」でもある

さらに起源の「源」を漢字辞典で調べてみると、これは、原字である「原」に「氵」をつけて、より意味を明確にしたものらしい。そこで「原」をひいてみると、これの本字は「厂」と「泉」が合わさったものだという。「厂」は崖で、その下から「泉」がわきでている様子を表しているようだ。その水が、どこかへ流れだせば川になる。

そこで藤岡換太郎著『川はどうしてできるのか』（ブルーバックス）をめくってみると「川には、ある一点からぽつんと滴が出てきて始まるというイメージがありますが、じつは地層という面を通って、ある程度まとまった量の水が地表に出てくるのです。そう考えると、川の源流とは『点』ではなく『面』であるように思えます」と書かれていた。

日本語で言う「起源」も、大本をたどれば「点」であり「面」であるのかもしれない。

## 「不連続な起源」と「複雑さの飛躍的増加」

二〇一九年一月に、東京工業大学地球生命研究所と東京大学カブリ数物連携宇宙研究機構、東京大学ニューロインテリジェンス国際研究機構の主催で「起源への問い」と題する一般向けの講演会があった。合成生物学者と脳科学者、数学者の三人がそれぞれ講演をして、最後に「起源を問うとはどういうことか」という座談会が開かれた。

その座談会のモデレーターとなった哲学者の信原幸弘（のぶはらゆきひろ）さん（東京大学教授）は冒頭で、「起源」には不連続なものと連続なものとの二種類があると語った。「不連続」というのは、要するに「無から有」が生じることで、「連続」というのは「複雑さの飛躍的増加」を指すという。辞書にはない定義で、なるほどと思った。

起源といえば、通常は「それまでまったく存在しなかったものが、ある時点から存在するようになった」という不連続なものをイメージするのではないだろうか。しかし、その例としてパッと頭に浮かぶものは、なかなかない。

強いて挙げれば宇宙の誕生である。「ビッグバン」という言葉を耳にしたことはあるかと思うが、我々の宇宙は約一三八億年前の爆発的な膨張から始まったとされている。その前には何があったかというと、いろいろと議論はあるが、とりあえず今は「無」だったと思うしかない。

一方で「複雑さの飛躍的増加」を起源とするものは、いくらでも思いつく。飛行機の起源はアメリカの技術者ライト兄弟（一八六七～一九一二、一八七一～一九四八）の「ライトフライヤー」だと誰もが言うだろうが、その前に空を飛ぶ人工物がなかったわけではない。ドイツの技術者オットー・リリエンタール（一八四八～一八九六）のグライダーがあったし、フランスの発明家モンゴルフィエ兄弟（一七四〇～一八一〇、一七四五～一七九九）の熱気球もあったし、発想だけならイタリアの「万能の人」レオナルド・ダ・ヴィンチ（一四五二～一五一九）がヘリコプターを設計していた。

しかし、ライトフライヤーの複雑さは、リリエンタールのグライダーやモンゴルフィエ兄弟の熱気球に比べれば、飛躍的に増加している。そういう意味で「飛行機の起源」と呼ばれる資格はあるが、無から有を生じたわけではない。自動車の起源も、複雑さの飛躍的増加ではフランスの軍事技術者ニコラ＝ジョゼフ・キュニョー（一七二五〜一八〇四）の砲車（蒸気自動車）だったかもしれないが、それ以前に馬車というものがなければ、おそらく思いつくことさえなかっただろう。

生命についても「発生」ということで言えば、少なくとも一七世紀までは、ウジ虫やカエルなどが何もないところから自然にわいてくることもありうると考えられていた（自然発生説）。微生物については一九世紀に至るまでそう思われていたが、それを否定したのがフランスの化学者であり微生物学者ルイ・パスツール（一八二二〜九五）の有名な「白鳥の首フラスコ」実験だったわけである。

これは、あくまでも現生の生物が何もないところからわくことはなく、前の世代から生まれることを示しただけだ。地球史における最初の生命の誕生についても、自然発生説が否定されたわけではない。というか前の世代がいないのだから、自然発生説にならざるをえない〔注8〕。

問題はそれを不連続な「無から有」ととらえるか、あるいは連続している中での「複雑さの飛躍的増加」ととらえるか、なのだろう。また誕生した場所についても「点」でとらえるか「面」でとらえるか、といった議論はありうる。つまりは「起源」の時間的、空間的な広がりを、どうイメージするかが結構、重要ではないのだろ

〔注8〕前の世代が、他の天体から地球に来た（パンスペルミア仮説）のだとすれば自然発生にはならないが、では、その天体でどう誕生したのかを問わざるをえなくなるので、やはり自然発生説の否定にはならない。

うか。

以上のようなことを念頭に置きながら、次の第二章と第三章では、まず「科学的」な話題に絞って、生命の起源に関する研究のこれまでと、最近の動向を紹介していきたい。そして第四章では再び、科学の枠にこだわらない議論へと戻っていくつもりだ。

なお先の講演会で、演者の一人だった合成生物学者は「もし起源を不連続なものとするなら、生命の起源もビッグバンにさかのぼると言わざるをえない」と冗談混じりに発言していた。しかし、これはまったく冗談ではないかもしれないという話を、第五章の最後でしたいと考えている。

# 第二章

# 「生命の起源」を探す

# 生命はどこで誕生したのか

## 水深一五〇〇メートルの祭壇

二〇〇七年三月一六日午前一一時ごろから午後四時ごろにかけて、僕は太陽光の届かない水深約一五〇〇メートルの海底にいた。沖縄県・石垣島の北北西、約五〇キロメートルにある海底火山の火口を、海洋研究開発機構の潜水調査船〈しんかい6500〉に乗って訪ねたのである。

その「鳩間海丘（はとまかいきゅう）」と呼ばれる火山の頂上は直径七〇〇～八〇〇メートルのカルデラになっていて、あちこちから活発に熱水（温泉）を噴きだしていた（図2-1）。潜水調査船の小さな円い窓から、その光景を目の当たりにしたときの感動は、おそらく一生忘れないだろう。潜航直後の興奮状態で、僕は次のようなメモを書き残している。

---

初めて目にした熱水噴出孔は投光器によってまばゆく照らしだされ、勢いよく噴きでる熱水はその透明さを際立たせ、無数のシンカイヒバリガイやゴエモンコシオリエビが、チムニー（尖塔状地形（せんとうじょうちけい））やマウンド（小丘（注9））を赤茶や純白に彩っていた。

図2－1　鳩間海丘の熱水噴出域
写真の上半分には白っぽいゴエモンコシオリエビが、下半分には黒っぽい（実際は褐色に近い）シンカイヒバリガイが群れている
（©JAMSTEC）

> それはまるで豪華に飾りつけられた祭壇のようだった。しかし私はその美しさに心を奪われ、祈る言葉は失っていた。
>
> 人知れぬ水深一五〇〇メートルにしつらえられた、地球と生命の息吹が横溢する祭壇——科学技術の結晶たる〈しんかい6500〉はその前に跪き、騒々しい油圧装置を止めて、あらゆる生物の始祖にしばしの黙禱を捧げた。

いささか大仰で恥ずかしいのだが、生々しさや臨場感は伝わってくる気がす

〔注9〕チムニーは熱水に含まれる鉱物などが沈殿してできた煙突のような岩ないしは構造物で、大きなものでは高さ数十メートルにも達する。これが倒れて積み重なっていくと、小さな丘（マウンド）ができる。

る。人間の目に比べて、見える範囲も奥行きも狭い写真やビデオでは、おそらくこの感動を理解してはもらえないだろう。

さて僕は最後に「あらゆる生物の始祖」という言葉を使っている。これは地球の生命が約四〇億年前、僕が見たような海底の温泉地帯（熱水噴出域）で誕生したとする説をふまえている。

生命の起源を研究する学者たちの間で、この説は長い間、支持されてきた。少なくとも日本では、今でも最有力と言っていいだろう。だが、初めからそうだったわけではない。

## 「化学進化説」の誕生

進化論で有名なイギリスの博物学者チャールズ・ダーウィン（一八〇九～一八八二）は約一五〇年前の一八七一年、友人の植物学者ジョセフ・フッカー（一八一七～一九一一）に手紙を書き、さまざまな栄養やエネルギーに富む「小さな暖かい池」で一連の化学反応が起きた結果、生命が生まれたのかもしれないと述べている。

当時としては画期的なアイデアだが、根拠はまったく示していない。とはいえ、

〔注10〕ダーウィン進化論の熱心な支持者だったドイツの動物学者エルンスト・ヘッケル（1834～1919）は『一般形態学』（1866年）で、無生物と生物との間をつなぐ「モネラ」という構造を持たない「有機体」を想定し、それが原始海洋に自然発生して、自然選択により単細胞生物から多細胞生物へと進化していった可能性を述べている。

生命起源に関する科学的な考察としては、嚆矢（こうし）と言えるものの一つではないだろうか〔注10〕。

ここで「海」ではなく「池」と表現しているのは注目に値する。つまりダーウィンは生命誕生の場に「陸上」を想定していたのだ。

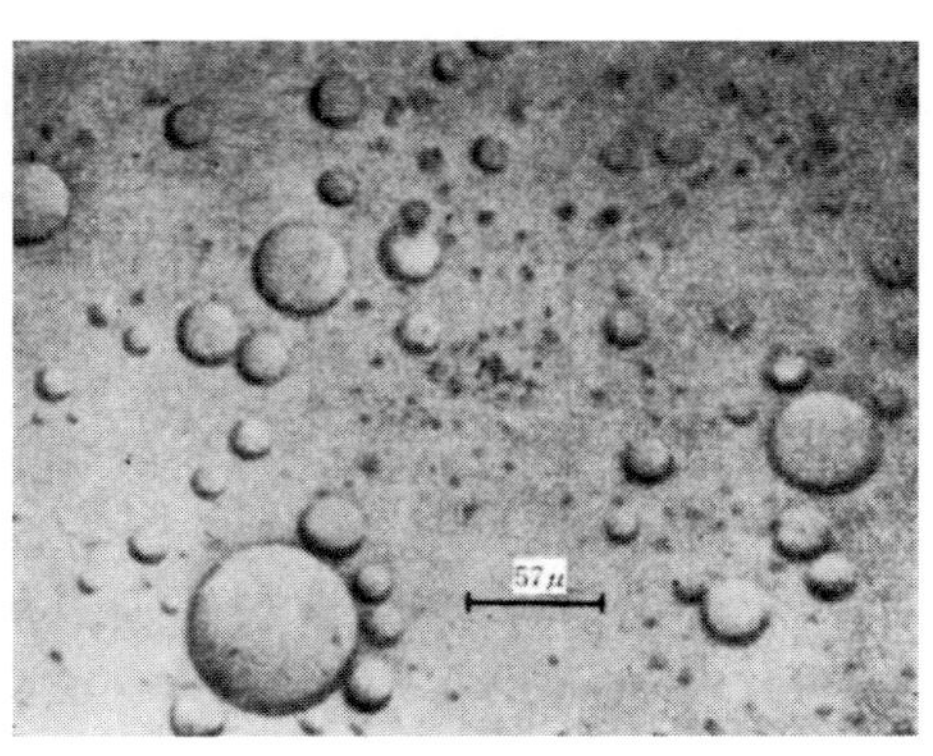


図2－2　コアセルベート
（オパーリン『生命の起源』〔岩波書店〕より）

旧ソ連の生化学者アレクサンドル・オパーリン（一八九四～一九八〇）は、ダーウィンの影響を受けたロシアの植物生理学者クリメント・チミリャーゼフ（一八四三～一九二〇）に学び、生命の起源に進化論的な考えを導入した。それは次のようなものである。

まず、原始地球の還元的〔注11〕な大気の中で無機物から簡単な有機物が生まれ、それらが反応しあって複雑な有機物となり、地球が冷えていく過程で雨とと

〔注11〕物質の「酸化」と「還元」はセットの概念で、正確さを犠牲にしつつ単純化して言うと「酸素がつけば酸化」「酸素が外れれば還元」となる。つまり還元的な環境とは、酸素が外れた物質が多い環境である。有機物は還元的な物質なので、還元的な環境では生成しやすいが、酸素のついた物質が多い酸化的な環境では生成しにくいと考えられる。

もに地表へと降り注いだ。

そして濃密な「スープ」のような海が誕生したあとは、その中でタンパク質や核酸などの高分子へと有機物の化合が進み、それらが集まって微粒子を形成し、その微粒子がさらに凝集して周囲の水から独立した小さな液滴（コアセルベート：図2-2）となった。細胞の「原形質」とよく似た性質をもつこの液滴が、進化と自然淘汰を経て生命に至った。

「化学進化説」と呼ばれるこの考えをオパーリンが最初に発表したのは一九二二年だが、一九三六年にはそれを体系的にまとめた主著『生命の起源』を発表し、現在に至るまで、この研究分野に多大な影響を及ぼしている。

## 電気火花でタンパク質の材料ができる

化学進化説を検証する実験の先駆けとなったのは、あの有名なフラスコの中の放電である。

一九五三年の『サイエンス』誌に発表された一ページ半程度の論文によると、アメリカ・シカゴ大学の大学院生だったスタンリー・ミラー（一九三〇〜二〇〇七：図2-3）は、指導教官だったノーベル化学賞受賞者ハロルド・ユーリー（一八九三〜一九八一）の考えに基づいて、原始地球の大気と想定されるメタンとアンモニア、水素の混合ガスをまず用意した。これは当時、観測された木星や土星の大気組成をモデルとしている。

図2－3　スタンリー・ミラーと実験装置

　この混合ガスを詰めたフラスコには、海を想定した水も入れてあった。これを加熱し、ガスに水蒸気が加わったところで、雷を模擬した火花を散らしたのである。その後、ガスを冷やしてフラスコの中の水に戻るようにした。これは地表に降り注ぐ雨の代わりである。

　この循環を一週間にわたって維持したところ、フラスコの中にグリシンやアラニンなどのアミノ酸（タンパク質の材料）が生成していることを確認した。つまり、オパーリンの考えたシナリオの前半部が妥当であることが、これで確認できたわけである。

　この段階で、生命誕生の場は海である可能性が高くなってきた。

　ところが、この「ユーリー＝ミラーの実験」に潜む大きな問題点が、のちの惑星科学の発達や太陽系探査による知見から明らかになってきた。どうやら原始地球の大気は、オパーリンやミラーたちが考えていたような組成ではなく、二酸化炭素や窒素が主成分だったらしいのである。そして、このほぼ中性な気体中で火花を散らしても、有機物はほとんどできないことが実験で証明されていった。

化学反応のエネルギー源としては、雷のほかに太陽からの紫外線や地殻からの放射線、火山熱なども考えられるが、これらを用いても、非還元的（酸化的・中性的）な大気では有機物ができにくい。宇宙線〔注12〕を想定して陽子線を当ててみればできるのだが、原始地球に降り注いだ宇宙線の量は、さほど多くなかった可能性がある。

さて困った。化学進化説の検証は、振りだしに戻ってしまったのである。

〔注12〕地球外からやってくる高エネルギーの放射線で、地球大気に突入する前の「一次宇宙線」の主成分は陽子である。

## 生命は宇宙からやってきた？

実はダーウィンがフッカーに手紙を書いてから、オパーリンが化学進化説を提唱するまでの間に、もう一人、生命の起源について興味深い説を唱えた人物がいた。ユーリーと同様、ノーベル化学賞を受賞したスウェーデンの物理化学者スヴァンテ・アレニウス（一八五九～一九二七）である。

彼は一九〇八年に発表した著書『宇宙の始まり』の中で、宇宙には微生物のように小さな生命の萌芽が広く漂っており、それらが恒星からの光の圧力（輻射圧）によって太陽系に運ばれてきたという「パンスペルミア説」を唱えた。その萌芽が地球に根づいて、さまざまな生命が繁栄することになったというわけである。

しかし、この説はよく考えると、生命の起源を示してはいない。宇宙に遍在する生命の萌芽自体が、どこでどうできたかを説いてはいないからだ。

だが可能性として、生命誕生の場を宇宙にも広げたという意義は大きい。実際、地球上では困難かもしれない化学進化が、たとえば宇宙を漂う塵や彗星の上などで起きる可能性もある。塵や彗星に雷は落ちないが、宇宙線ならいくらでも飛び交っている。一酸化炭素やメタン、アンモニアなど適当な材料が揃っていれば、有機物ができるかもしれない。

それが隕石や宇宙塵などに乗って地球に落ちてきたとしたら、どうだろう。つまり生命そのものではなく、材料が運ばれてきたとしたら？　そう、原始地球の大気中で有機物ができなくてもかまわないことなる。

これも一種のパンスペルミア仮説かもしれないが、ユーリー＝ミラーの実験で図らずも行き詰まってしまった化学進化説の前半部を補うことができるモデルの一つとして、近年はかなり広まっているようだ。

## 「本命」海底熱水噴出孔の登場

もう一つ、別の解決法がある。それがアメリカの潜水調査船〈アルビン〉によって発見された熱水噴出孔だ。

一九七七年、〈アルビン〉は南米エクアドルのガラパゴス諸島沖、水深二五〇〇～二七〇〇メートルに潜航していた。すると溶岩に覆われた海底の割れ目から、周囲より温かい水が、ゆらゆらと湧きだしているのを見つけた。人間が目にした最初の熱水噴出孔である。

そして一九七九年、〈アルビン〉はメキシコ西岸沖、カリフォルニア湾の入り口に近い海底で、煙突のような形の岩（チムニー）から、黒っぽい煙のような熱水がもくもくと吐きだされているのを発見した。のちにこれは「ブラックスモーカー」と呼ばれるようになる。一方、僕が鳩間海丘で見た熱水は透明なので「クリアスモーカー」だ。ほかにも「ホワイトスモーカー」や「ブルースモーカー」などが、世界各地で発見されることになる。

さて、このような熱水の中には、メタンやアンモニア、水素、硫化水素といった還元的な物質が高濃度に含まれている場合がある。つまり、ミラーたちが原始地球大気の主成分として当初、想定していた物質だ。地表がそのように還元的な環境だったことは、ほぼ否定された。

しかし海の中では、どうだったか？　現在よりもっと熱かった四〇億年前の地球では、おそらく海底のあちこちで熱水が噴出していただろう。その成分は今とほとんど変わらないはずだ〔注13〕。さすがに雷や紫外線、宇宙線などは届かないが、化学反応のエネルギー源としては、陸上の温泉と同様、マグマからの熱がある。

余談だが、鳩間海丘では場所によって三〇〇℃を超える熱水が出ていた。水が一〇〇℃以上にならないというのは、大気圧下でのことである。あろうことか僕はそこで「温泉卵」をつくろうと、科学技術の粋たる潜水調査船のマニピュレータに生卵を持たせていた。

中に気体がほとんどなく、殻は目に見えない穴だらけなので、深さ一五〇〇メートルの水圧でも卵は割れない。それを熱水の噴出しているチムニーの近くに、かざしてもらったのである。

三〇〇℃の湯が出ていたとしても、周囲の海水は数℃と冷たいので、離れればすぐにぬるくなる。二〇〇℃くらいまでのところでは、卵はそれなりに茹だった。海上の母船に戻って食べてみると、非常に硫黄臭かったが適度に塩味が染みていて、何とか喉を通った。

しかし二五〇℃のところまで近づけた卵は、二分二〇秒後にボンと破裂してしまった。一応、回収したもののバラバラになっているし、あまりに硫黄臭がきつく

〔注13〕現在の熱水中に含まれているメタンやアンモニアは、堆積物中にある生物の死骸が分解してできたものであることが多い。しかしマントルを構成するカンラン岩という岩石と海水との化学反応で、生物とは関係なくメタンや有機物がつくられている熱水噴出域もある（ブラックスモーカーではない）。生命は、このような場所で生まれたという説が唱えられている。

て、さすがに飲みこめなかった。熱水パワーの威力である。

このように材料とエネルギーがあるのだから、熱水噴出域でも有機物はできるはずだと考えられるようになった。となれば、もうそこは海の中だ。雨が降るのを待つこともない。あとは高分子になって凝集し、細胞のような液滴を形成する……。

大気中あるいは宇宙の塵で有機物ができた、というシナリオより数段階、シンプルだ。生命誕生の場として熱水噴出域が人気を博したのは、これが理由の一つかもしれない。

## 「ふるさと探し」は戦国時代に突入

生命の起源に関する科学的な見方の変遷を、端折り(はしょ)に端折って、駆け足で眺めてきた。ところが、これで話は終わらないどころか、いったん「生命は熱水噴出域で生まれた」説に落ち着いたかと思われた状況が、近年は再び混迷しつつある。

まず、原始地球の大気組成だが、実はまだはっきりとわかったわけではない。さすがにミラーたちの想定したような強い還元型ではなさそうだが、一酸化炭素やメタン、水素がちょっと多めに含まれていれば弱還元型にはなりうる。また、宇宙線の量も、太陽の活動いかんでは変わってくる。案外、有機物は地表でもそれなりにできたかもしれない、という認識が広まってきた。

パンスペルミア仮説も大人しくはしていない。地球で見つかった隕石からは、七〇種類以上のアミノ酸や脂肪酸、核酸塩基などの有機物が発見されている（図2－4）。宇宙探査機による観測や分析で、彗星にアミノ酸があることも明らかになった。

　また、電波望遠鏡の観測により、星が誕生する場となっている暗黒星雲のような分子雲でも、一〇〇種を超える有機物が見つかっている。生命そのものではないが、その「種」はアレニウスが言う通り、広く宇宙を漂っているのかもしれない。

　一方で、熱水噴出域における有機物の生成は、実験によりアミノ酸ができることは報告されているものの、さほど多くの種類ではないし、今ひとつぱっとしない感じだ。もともと、三〇〇℃に達するような高温環境では有機物はむしろ分解されてしまう、という批判に当初からさらされていることもあって、ちょっと分が悪くなっている。

　これに伴って、やっぱり生命は陸上の温泉や潮溜(しおだ)まりのようなところで発生したのではないかと、ダーウィンの復活を思わせるシナリオが急浮上してきた。

　そんな状況で、生命の「ふるさと探し」は、もはや戦国

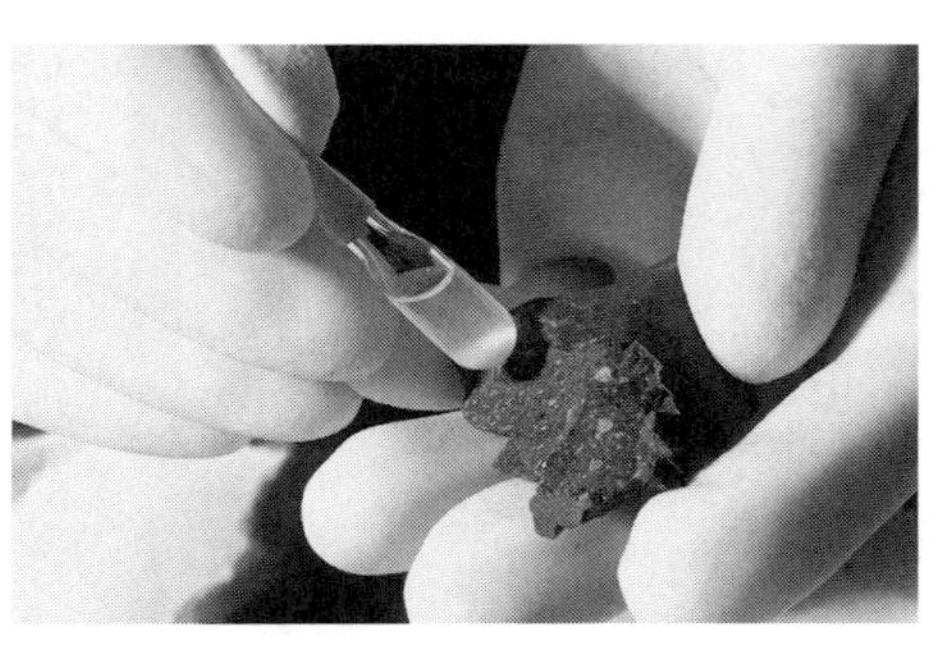

図2－4　アミノ酸や核酸塩基が見つかったマーチソン隕石のサンプルと分離された成分

時代の様相を呈している。

## 海底の熱水噴出域 vs. 陸上の温泉地帯

ここで二人の研究者にご登場いただき、地球における生命誕生の場について、もう少し議論を深めてみたい。

### 意見を異にする二人の宇宙生物学者

一人は横浜国立大学大学院工学研究院教授の小林憲正（こばやしけんせい）さん、もう一人は東京薬科大学名誉教授の山岸明彦（やまぎしあきひこ）さんである。どちらも日本を代表する宇宙生物学者だが、生命の起源については多くの点で異なった考えをもっている。

実は「本書の起源」に書いた科学雑誌の特集記事の話で、あれこれと火星の生命を考えてくれた研究者の一人が小林さんだ。また、現在は「火星クラブ」の会長的な役割を担っていただいている。

山岸さんにも、よくお目にかかってはいたが、初めてじっくりお話をうかがったのは連載記事

「生命1・0への道」のための取材時である。研究室を訪れた私を柔和な笑顔で迎えてくれたが、質問に対する山岸さんの答えは常に歯切れがよく、時に容赦がなかった。

さて小林さんは「生命は海底の熱水噴出域で誕生した」という、これまでの主流派ともいえる立場をとっている。一方の山岸さんは「生命は陸上の温泉地帯で誕生した」と主張している。ちなみに小林さんは化学者、山岸さんは生物学者だ。

べつに仲が悪いわけではなく共同で研究も行っているが、個別にお話をうかがってみると、ときどきお互いを辛めに批判する言葉が出てきて面白い。

それはともかく、以下ではお二人の主張のちがいと共通点について、僕の理解できた範囲を話していこうと思う。あらかじめ断っておくが、僕はどちらの味方をするつもりもない。というか、どちらかを選べるだけの専門的な知識はもっていない。選んでいるように見えたとしたら、それはおそらく好みの問題だ。

## 材料の起源については、ほぼ一致

生命を構成している重要な物質の代表は、量的に多い順番から、水、タンパク質、そして核酸（DNAとRNA）である。大腸菌の場合、水は全体の七〇％、タンパク質は一五％、核酸が七％を占めており、これだけで九二％だ。あとは脂質や炭水化物などが続く。これは人間など他の生物でも、ほぼ同じだ。

地球上の水の起源も、誕生時からすでにあったという説と、あとから彗星や小惑星に運ばれてきたとする説などがあって、実は明らかになっていない。しかし、どちらにしても生命が生まれるときには存在したと考えておくことにする。

問題はタンパク質と核酸だ。二つとも炭素を含む有機物（有機化合物）であり、分子量の非常に多い高分子（高分子化合物）である。簡単には生まれない。

ご存知の方は多いと思うが、タンパク質はアミノ酸からできている。生物が使っているアミノ酸は二〇種類で、それらが鎖のように数十から数百もつながっている。数個程度つながったものは「ペプチド」と呼ばれ、タンパク質とは区別されることが多い。

一方の核酸は「ヌクレオチド」という単位分子が、やはり鎖のように数百から一億以上もつながってできている。そのヌクレオチドは「ヌクレオシド」という単位分子と「リン酸」からできている。

さらにヌクレオシドは「核酸塩基」と「糖」からできている。タンパク質に比べると、かなりややこしいが、これは頭の隅に置いといてほしい。核酸塩基にはアデニン、シトシン、グアニン、チミン、ウラシルの五種類があり、糖にはデオキシリボースとリボースの二種類が使われる。

生物の材料がどこから来たかを考える場合、これらのアミノ酸や、核酸を構成する物質の起源を問うことが多い。この点について小林さんと山岸さんの意見は、おおむね一致している。一言で言えば「宇宙と地球上の両方が起源で、あとは割合の問題」ということだ。

小林さんは「現状では宇宙から来た有機物のほうが多いと考えています。しかし原始地球大気の組成や宇宙線の量によっては変わってくる。いずれにしても生命の誕生には、地球由来の有機物も関わっています」と語っている。

山岸さんは「アミノ酸は主に宇宙起源だが、核酸（RNA）は地球上でできた」という考えらしい。

ちなみに山岸さんは生命そのものが、まず火星で生まれて、そこから地球にやってきた可能性も考慮に入れている。アレニウスに近いパンスペルミア仮説だ。これを検証するため、火星で生命探査をする準備も進めている。

## 「組み立て場所」では真っ向から対立

宇宙と地球のどちらか、あるいは両方から生命の材料がもたらされたとしよう。では、それらはどこで組み立てられたのだろうか。ここから、二人の意見はちがってくる。

小林さんは海で組み立てられたと主張しているわけだが、それぞれの環境にメリットとデメリットがある。しかも、一方でメリットとされることが、他方からはデメリットとされることもあって、とてもややこしい。

まともに論争を追いかけていったら、それだけで本が一冊書けてしまうだろう。それはそれで面白いかもしれないのだが、本書では一部だけを、さらっと紹介しておくことにする。

まずは、双方が自説のメリットとして主張している主な点を挙げていこう。

【小林さんが主張する「海底(熱水噴出域)説」のメリット】

①人体の主要な元素組成を見ると、地殻より海水とよく似ている(表2-1)。また、微量元素に関しても、生物にはクロムよりモリブデンのほうが重要だが、地殻ではクロムのほうが多く、海水ではモリブデンが多い。

②メタンやアンモニア、硫化水素などの還元型分子が多いため、有機物ができやすい。

③マグマの熱エネルギーや、熱水中の還元物質からエネルギーが供給される。

④熱い場所から冷たい場所まで、さまざまな温度環境がある。

⑤化学反応の触媒となる金属元素が豊富にある。

⑥有機物を分解する紫外線が届かない。

| 順位 | 宇宙 | 地球（地殻） | 海水 | 生命（人体） |
|---|---|---|---|---|
| 1 | 水素 | 酸素 | 水素 | 水素 |
| 2 | ヘリウム | 鉄 | 酸素 | 酸素 |
| 3 | 酸素 | マグネシウム | 塩素 | 炭素 |
| 4 | 炭素 | ケイ素 | ナトリウム | 窒素 |
| 5 | ネオン | イオウ | マグネシウム | カルシウム |
| 6 | 窒素 | アルミニウム | イオウ | リン |
| 7 | マグネシウム | カルシウム | カルシウム | イオウ |
| 8 | ケイ素 | ニッケル | カリウム | ナトリウム |
| 9 | 鉄 | クロム | 炭素 | カリウム |
| 10 | イオウ | リン | 窒素 | 塩素 |

表2－1　原子数の多い順に並べた宇宙と地殻、海水、人体の元素組成
（小林憲正『宇宙からみた生命史』〔ちくま新書〕を改変）

⑦面積的に陸地よりはるかに大きく、生産性が高い。多くの有機物を生みだせるので、優秀なものができる可能性も高い。

小林さんの主張ではないが、他の海底説支持者からは次のような声も聞かれる。

⑧全生物の最後の共通祖先〔注14〕に最も近いとされる超好熱菌〔注15〕が発見されている（図2－5）。

⑨もともと海洋中なの

〔注14〕「ＬＵＣＡ（Last Universal Common Ancestor）」あるいは「コモノート」と呼ばれる。「真核生物」や「古細菌」と「細菌」とが分かれた分岐点に存在したはずの生物で、ただ一種類であったと考えられている。
〔注15〕80℃以上で最も生育速度が速くなる菌。

で、生まれた生命が世界中に広がりやすい。
⑩海中の環境は陸上より安定している。

図2-5　超好熱菌
カルドコッカス ノボリベタス（提供／山岸明彦氏）

**【山岸さんが主張する「陸上（温泉地帯）説」のメリット】**

①生物の細胞にはナトリウムイオンよりカリウムイオンのほうが多い。これは陸上の温泉地帯と同じであり、海水とは逆になっている。また、核酸に必要なリン酸も、海水中には少ないが温泉には多い。
②間欠泉（図2-6）のような湿ったり乾いたりする場所があるので、有機物が重合しやすい。
③マグマの熱エネルギーや、温泉中の還元物質からエネルギーが供給される。
④温泉は一〇〇℃以下なので、海底熱水のような超高温にならず、有機物が分解されにくい。
⑤化学反応の触媒となる金属元素が豊富にある。

海底説より陸上説のほうが、メリットが少なくなってしまったが、後者の立場からすると、前者の⑥~⑩は大したメリットではない。

たとえば、⑥の紫外線は、陸上だと確かに強いが、温泉中の懸濁物（粘土や酸化亜鉛などの鉱物粒子）が遮蔽物（しゃへいぶつ）になれば、問題ではなくなる。

⑧の共通祖先については、それが最初の生命というわけではなく、すでに高度な進化をとげている。もしかしたら、さらにその先祖が陸上から海底に移動してきたのかもしれない。

⑨にしても、陸上で生まれて乾燥状態になった生物が風で運ばれることはあるだろうし、もちろん温泉地帯から川に流れこめば、海に達して広がることもできる。

⑩は陸上の激しい気象変化や地殻変動などと比べているわけだが、逆にその不安定さが進化を促進する可能性もありう

図2-6　アメリカのイエローストーン国立公園にある間欠泉

る。その最たる例が隕石衝突だが、これについては次項で話そう。

こうした「反論」に対する海底説からの再反論も当然あるだろうが、きりがないので今は考えないでおく。

さて、①〜⑤は、あえて双方の主張が対応するようにしてある。
①は今の生物の成分が海と陸のどちらに近いかという話だが、それはどの物質に着目するかにもよるのだろう。素人の感覚では「どっちもどっち」という気はする。
③と⑤はどちらにも共通している主張だが、たぶん海底説からすると、陸上よりもっとエネルギーは多いし、金属元素もより豊富だと主張したくなるのではないか。これは⑦の規模的な問題とも関係してくるが、実際にエネルギーや金属元素の量が海と陸でどれだけちがうかを、具体的な数字を挙げて比較することは今のところ難しい。
そして、おそらく現在、最も大きな論点になっているのは②と④だろう。

## 熱水噴出域でタンパク質と核酸はできるか

実は白状すると、陸上説の④は、僕がでっちあげた。というか山岸さんが「熱水噴出域の超高温環境下では、有機物は分解こそすれ生成はしない」と主張しているのを受けて、それなら陸上は適度にぬるいからOKということなのだろうと「忖度（そんたく）」したのである。前項に登場したフラスコ火花実験のスタンリー・ミラーも、山岸さんと同じ考えだったらしい。

その主張に対する小林さんの反論が、海底説の④ということになる。

確かに海底の熱水は、ときに三〇〇℃を超える。こうなると、もはや水は気体でも液体でもない「超臨界」と呼ばれる状態になって、有機物の生成力も分解力もパワーアップすると考えられるが、山岸さんの見立てでは、分解力のほうが上というわけだ。

しかし、海底でもほんとうに三〇〇℃を超えるような場所は、限られている。僕が〈しんかい6500〉で温泉卵をつくった話を思いだしてほしい。

熱水噴出孔からちょっと離れれば水温は急激に下がって、卵のタンパク質は茹だって変性はしたものの分解はしなかった。また、チムニーに群れているゴエモンコシオリエビの中には、熱水孔から一〇センチメートルと離れていないところで、気持ちよさげに触角を揺らしている連中もいた。いい湯加減だったのだろう。

超臨界状態で生成した有機物も、すぐにそういう場所へ避難できれば、分解を免れて保存されるだろうと小林さんは考えている。この過程を「クエンチ（急冷）」と呼ぶ。

そして、小林さんを含む何人かの研究者が熱水噴出域を模した研究室内の環境で実験したところ、少なくともアミノ酸や、それが数個つながったペプチドの生成する可能性は示された。

「それでも」と山岸さんは断言する。「海底で核酸（RNA）が生成されることはありません」。

小林さんも、アミノ酸がつながったタンパク質に比べると、RNAがとても熱に弱いことは認めている。それがクエンチを含む何らかのメカニズムで回避できたとしても、海中という環境には、もう一つの弱みがある。それは乾いた場所がほとんど、あるいはまったくない、ということだ〔注16〕。

実はヌクレオチドがつながって核酸となるのには、水は邪魔なのである。「脱水縮合」といって、ヌクレオチドどうしは水分子を捨てながら結合していく。逆に「加水分解」といって、周囲に水があると、ヌクレオチドの結合は、むしろバラバラになってしまう。

そしてヌクレオチドができるためには、ヌクレオシドとリン酸が脱水縮合しなければならず、さらにヌクレオシドができるためには、核酸塩基と糖が脱水縮合しなければならない。

つまり、核酸を生成するまでには、水分子を三回にわたって捨てなければならないのだ。アミノ酸がつながってタンパク質になるのも脱水縮合なのだが、こちらは一回だけなので、まだましである。

しかし温泉地帯ならば、一時的に水が溜(た)まって有機物が蓄積し、その水が蒸発し

〔注16〕低温で水圧の高い深海では二酸化炭素が液体となり、海底から湧出していることがある。それが窪みに溜まって、プールのようになっている場所もある。つまり水中にもかかわらず、そこは二酸化炭素しかない「乾いた」環境なのだといえる。水を使わない洗濯が「ドライクリーニング」と呼ばれるのを思いだしてほしい。ただ今のところ、多くは見つかっていない。

ていく過程で脱水縮合していけるような場所はいくらでもありそうだ。それが陸上説のメリット②というわけである。しかし、議論はこれで終わったわけではない。むしろ、別の次元に入っていく。

## 「RNA生物」からが生命

山岸さんにインタビューをして感じたのは、とにかくRNAにこだわっていることだ。これがなければ話は始まらないという。

熱水噴出域でいくらペプチドや、よしんばタンパク質ができたところで、RNAができなければ、山岸さんから見てまったく無意味なのである。それは生命が誕生する過程に関して「RNAワールド」と呼ばれる有力な仮説を、強く支持しているからだ（図2－7）。

現在の生物では、タンパク質が主に「代謝」を、核酸（DNAとRNA）が主に「自己複製」を担っている。

代謝というのは平たく言えば、食物（有機物）を食べて消化し、それをもとに生命活動を営んだり、体をつくっていったりする働きである。一般的に植物は有機物を食べないが、二酸化炭素と水をとりこみ、太陽光のエネルギーを「食べて」代謝を行っているとみなすことができる。

そして自己複製は、次世代に情報を伝達することである。

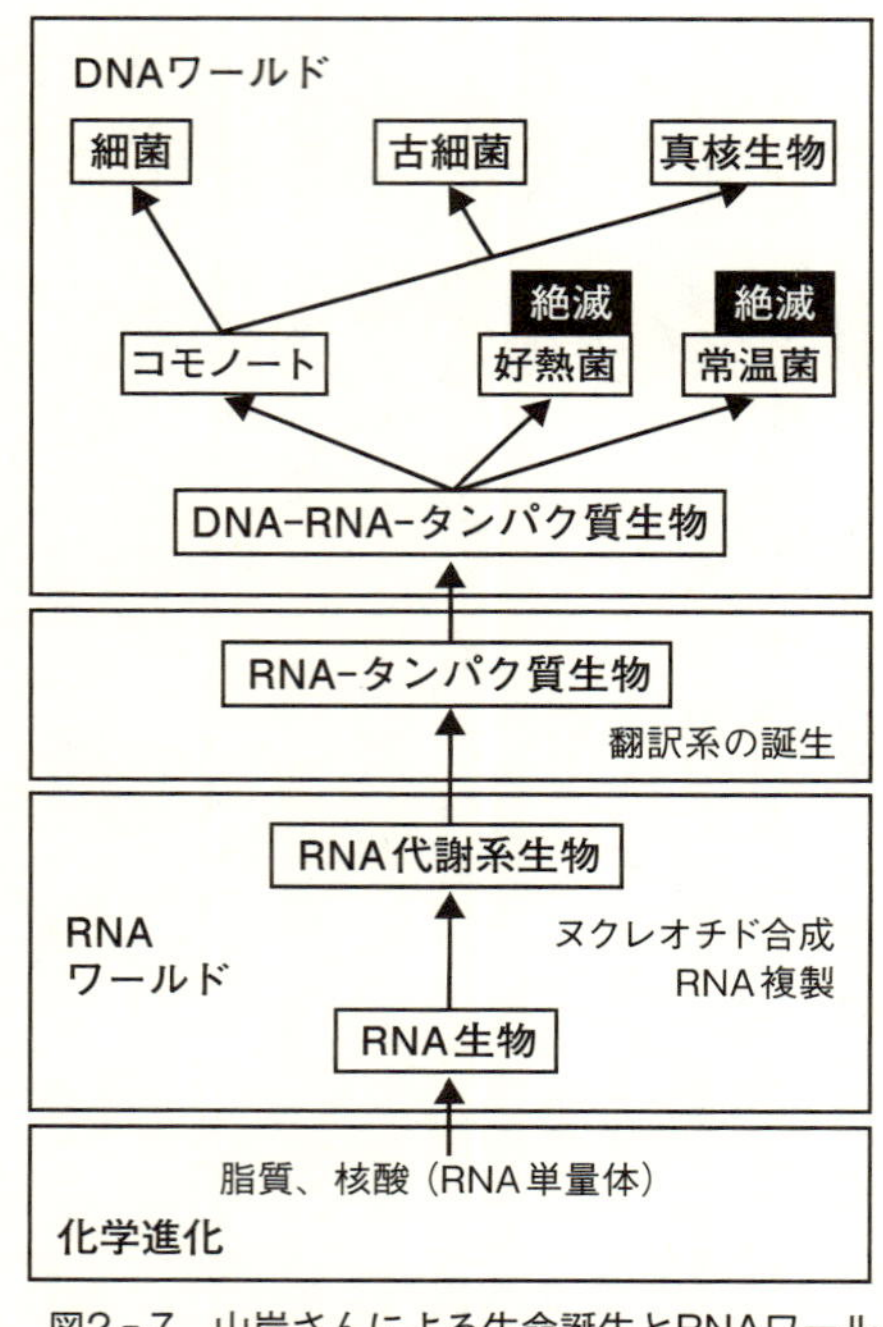


図2－7　山岸さんによる生命誕生とRNAワールドの進化
（山岸明彦『アストロバイオロジー』〔丸善出版〕を改変）

しかし、こういう分業はＤＮＡが登場してからできたことで、生命が誕生したころは、代謝も自己複製もＲＮＡが一手に引き受けていた、そういう世界がしばらく続いた、とするのがＲＮＡワールド説だ。

ＤＮＡはＲＮＡより安定した物質であり、情報の保存や伝達にはより適している。しかし代謝を行う能力はなく、タンパク質（酵素）の助けがなければ他のタンパク質をつくることはできないし、自分自身を複製することもできない。

　タンパク質もまた、タンパク質だけでは（通常は）増えていくことができない。ＤＮＡの情報が必要である。これでは生命の誕生を考えた場合「卵が先か、ニワトリが先か」という問題が起きてしまう。

　しかし、ＲＮＡはＤＮＡよりも不安定なものの、反応性が高く、情報の保存ばかりでなく酵素（リボザイム）として自分自身を複製することもできる（注17）。初期の生命はタンパク質を持たず、ＲＮＡが細胞膜（リン脂質によってできた袋）をかぶったようなものだったとすれば、ニワトリと卵の矛盾は回避できる。このような生物が進化の過程で代謝効率のアップや、情報伝達の安定性などを追求していった結果、現在のようなシステムになったというわけだ。

　山岸さんが「生命」とするのは、この「ＲＮＡ生物」からだ。それ以前に何か、たとえば生命機能の一部だけを持っている、半分生きているみたいな存在があったとしても「そんなものは、ただの高分子です」と言い切る。

　科学的に「とりあえず」生命とは何かを定義しようとなった場合、自他を区別する「境界」が

〔注17〕リボザイムは現在、タンパク質の合成にも関与している。

あり、「代謝」と「自己複製」をする、という特徴を使うことが多い。近年はこれに「進化」する、を加えるようになっている。いずれにしてもRNA生物は、これらの条件を満たしている(注18)。

RNAワールド説のほかにも、生命が何から始まったかについては「いやいや、やっぱりタンパク質が先だった」とする「プロテイン(タンパク質)ワールド」説や、「まず脂質の容れ物ができたんだよ」という「リピッド(脂質)ワールド」説、「いやいや、粘土や鉱物の表面で代謝に似た現象が起きたことから始まったんだ」とする「メタボリズム(代謝)ワールド」説など、いろいろとある。

しかし、現状ではどれから始まったとしても「境界」「代謝」「自己複製」「進化」の、いずれかの特徴を欠いている。したがって山岸さんの基準では生命の条件を満たさない。また、熱水噴出域でいくらタンパク質ができたとしても、核酸ができないかぎりは複製ができないので、生命誕生の場とは認められない。明快である。

## ベータバージョンとしての「がらくた生命」

科学は明快であるべきなのかもしれない。しかし、第一章で見てきた「起源」の性質を考えると、若干、息苦しい気もしてくる。そう感じる人には、たぶん小林さんが唱える「がらくたワー

〔注18〕RNAの進化能力について本書では触れないが、興味があれば市橋伯一『協力と裏切りの生命進化史』(光文社新書 2019)などを参照していただきたい。

ルド」説のほうが馴染みやすいだろう。「がらくた」というと、あまりイメージはよくないが「ゴミ」よりはマシだ。そこには古いものや壊れたものなどが含まれているが、うまく選んで組み合わせれば、それなりに使えるものが生じるかもしれない。

たとえば、ある種の金属イオンや有機物は、代謝の一部を担う酵素の役割を、弱いながらも果たすことができる。

また、化学反応の中には、物質Aと物質Bの反応でできた物質Cが、AとBの反応を促進する触媒の役目を果たして、結果的にCが爆発的に増殖していくという現象がある。この「自己触媒反応」は、生物の自己増殖に、ちょっと似ている。

そして、数種類のアミノ酸を含む水溶液を熱すると、小さな細胞状の構造体（プロテイノイド微小球など）ができたり、熱水に含まれる硫化鉄が海水に混じると、小さな泡のような構造をとったりすることも知られている。

このように「代謝っぽい」ことをする物質や「自己複製っぽい」ことをする物質、さらには、「細胞膜っぽい」ものをつくる物質などが、それ以外の雑多な物質とともに集まって、何となく「生物っぽく」ふるまうようになったら、それは「がらくた生命」と言っていいのではないか。

そして熱水噴出域のような場所で徐々に機能を発達させ、ソフトウェアのバージョンアップになぞらえれば「生命0・0000001」から「生命0・1」そして「生命0・5」というよう

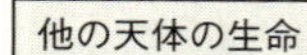


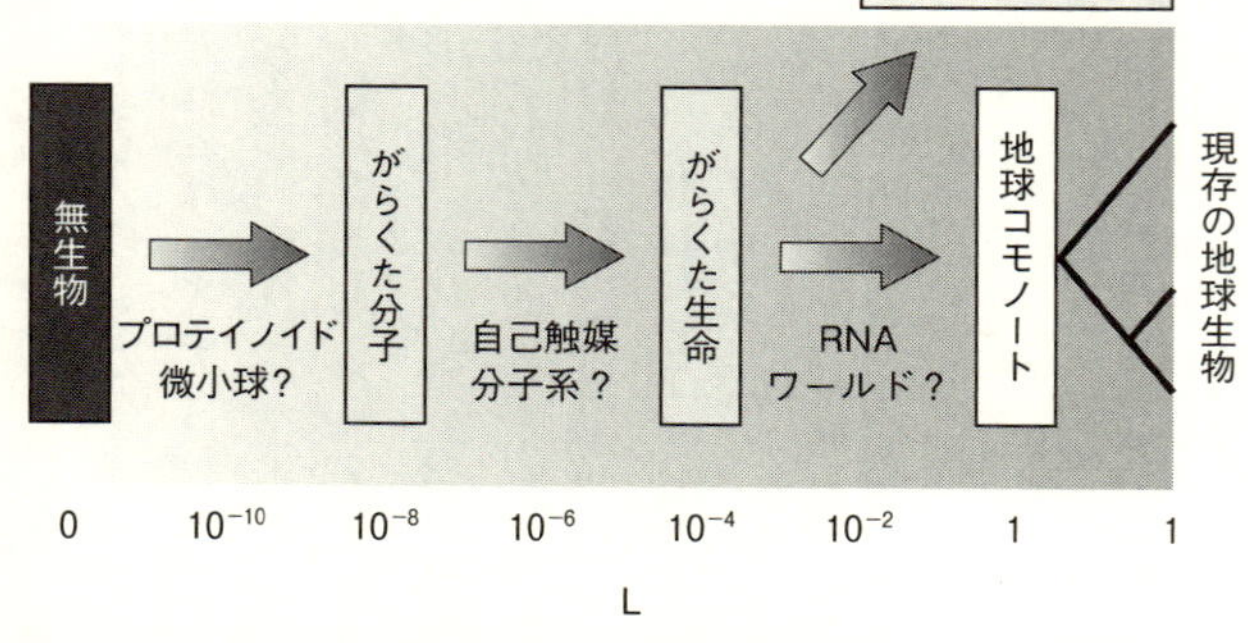


図2－8　小林さんによる生命0.0（無生物）から生命1.0（地球コモノート以降）に向かう化学進化
（小林憲正『生命の起源』〔講談社〕を改変）

に進化していった。そういうバグの多いベータバージョンを経て、完成版の我々「生命1・0」に至ったのではないか――ごく大雑把に言えば、これが「がらくたワールド」説のシナリオである（図2－8）。

この説の背景には、たとえばRNAのように複雑な物質が、生命とはまったく関係なしに、最初からきれいな状態でできる可能性は低い、という見方がある。何しろ脱水縮合を伴う反応が三段階も必要だし、RNAが酵素としても働くには、ヌクレオチドが二百個ほどつながらなければならない。

フラスコ内の理想的な条件下で、無生物的にRNAを生成した実験はあるが、それは熟練した有機化学者が、夾雑物（きょうざつぶつ）のない高濃度な材料のみを使い、注意深く反応をコントロールした結果なのだという。

また、陸上の温泉地帯を想定した実験で、RNAのヌクレオチドとリン脂質の混合物を数十回、湿らせたり乾かしたりしたところ、ヌクレオチドが一〇〇近くつながったという結果が得られてはいる。しかし、これも人工的な環境下だし、核酸塩基と糖、リン酸という最初の材料から始めたわけではない。タンパク質もちゃんと機能するものができるには、種々のアミノ酸が決まった配置をとるようにつながらなければならず、とても簡単とはいえない。

実のところ、ユーリー＝ミラーの実験などで生成したアミノ酸にしても、隕石で見つかったアミノ酸や核酸塩基にしても、それ自体が単体で得られたわけではない。フラスコの底に溜まっていたものとか、石の中から取りだしたものは、さまざまな物質が混じり合ったものであって、それを加水分解してみたら、アミノ酸や核酸塩基が出てきたのである。

逆に言えば、種種雑多な寄せ集めの「がらくた分子」の山に、アミノ酸や核酸塩基になりうるもの（前駆体）が埋もれていたのだ。

小林さんは一酸化炭素と窒素、水蒸気からなるやや還元的な原始大気のモデルに陽子線を当てて（図2－9、図2－10）、生成したがらくた分子を熱水噴出孔の模擬装置（図2－11）で加熱し、クエンチしてみたところ、疎水性のある（濃度によっては周囲の水から独立できる）凝集体を得た。これが、がらくた生命の出発点である。

図2－9　陽子線を射出するタンデム加速器のビームライン
（東京工業大学：図2－10も）

図2－10　模擬大気を詰めた容器を陽子線の射出孔に取りつけているところ

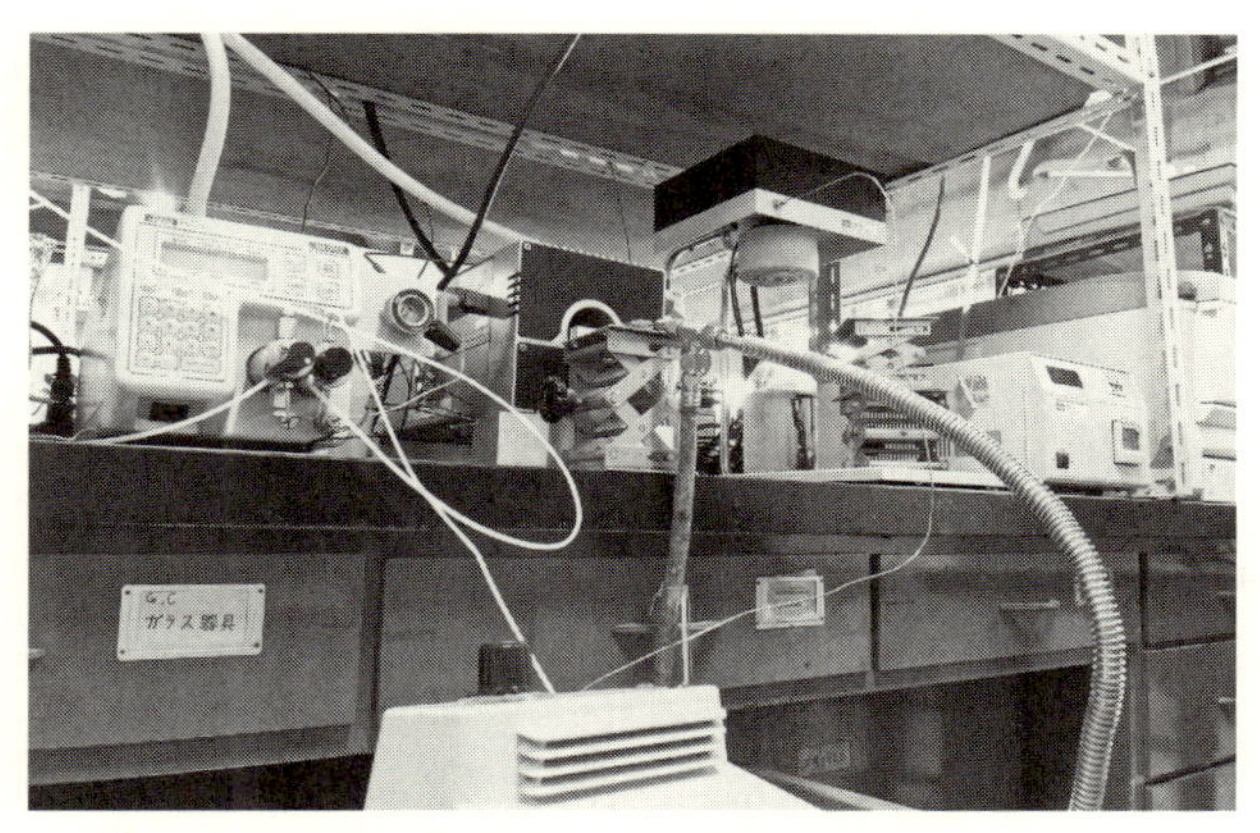


図2－11　熱水噴出域を模擬した実験装置（フローリアクター）

最終的にはやっぱり、この状態から進化して、きれいな核酸やタンパク質ができてこなければならない。今のところ、その道筋は霧の中である。途中でいくらＲＮＡっぽい物質や、タンパク質っぽい物質が登場したとしても、山岸さんから見れば単なる高分子にすぎない。

生命がどこで生まれたかという問題は、つまるところ生命とは何かという定義や、どのようにできていったかというシナリオによって、結論が変わってくるということだ。

# もう一つのシナリオと隕石衝突

ずっと海底説と陸上説の比較を中心に話を進めてきたので、がらっと、ではないが、ちょっとだけ異なったシナリオがあることにも触れておきたい。

「本書の起源」の冒頭で、大学の新入生に講義を始めるとき「生命はどこで生まれたと思いますか」と聞くことにしている研究者の話をした。それは東北大学准教授で地球化学者の古川善博(ふるかわよしひろ)さんである。細かく言うと、有機地球化学が専門なので、小林さんに少し近いかもしれない。

ちなみに古川さんと同じ研究グループの掛川武(かけがわたけし)教授は地質学者で、世界各地の古い地層から初期生命の痕跡を見つけようとしている。

また、古川さんが師事した物質・材料研究機構名誉フェローの中沢弘基(なかざわひろもと)さんは、もともと物質科学が専門だったが、教授として東北大学に赴任してから「生命は地下で誕生した」というユニークな考えのもとに研究を始めた。

このように生命起源の研究には、さまざまな分野の研究者が関わっていて面白い。

## 大砲でアミノ酸と核酸塩基をつくる

さて、小林さんは加速器を使って陽子線を模擬大気などに当てるという大がかりな実験を行っているが、古川さんもまた「一段式火薬銃」という全長一〇メートルほどの大砲のような装置（図2-12）で実験をしている。この銃で直径三センチメートルの飛翔体（弾丸）を射出し、や

図2-12　火薬の匂いが充満した倉庫のような建屋の中にある一段式火薬銃
（物質・材料研究機構）

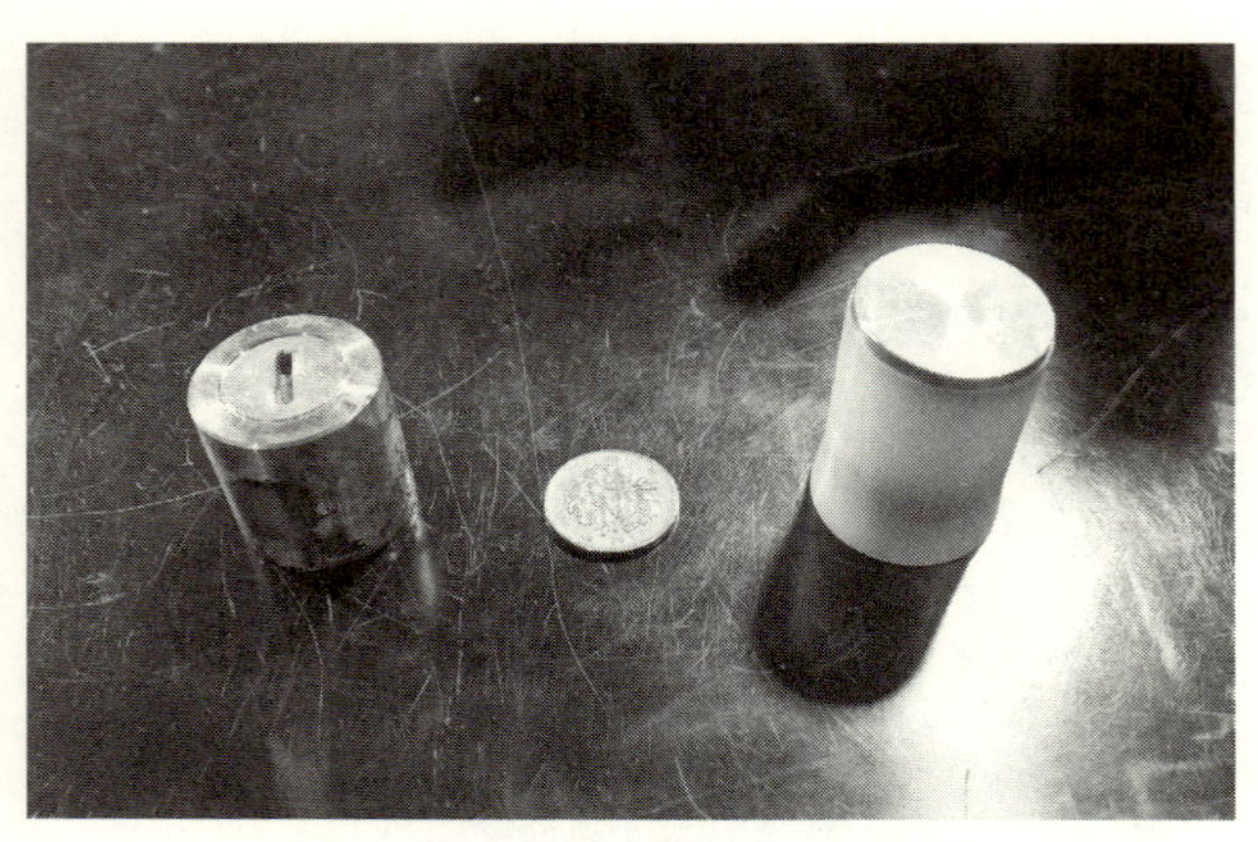

図2－13　サンプル容器（左）と飛翔体

はり直径三センチメートルくらいの金属製容器（標的）に当てるのだ（図2－13）。

これは原始地球への隕石衝突を模擬している。容器の中には炭素や鉄、アンモニア、窒素、水などが入っている（必ずしもすべてではない）。隕石が海に衝突すると、衝撃波や熱で「蒸気雲」が発生するのだが、その中では当時の非還元的な大気と隕石起源の物質（主に鉄）が、水とともに混じり合っているはずだ。容器中の試料は、その状態を再現しようとしている。

実際、飛翔体が容器に当たると（図2－14）、衝撃波のエネルギーで試料は混じり合い、反応する。そして衝突後の試料からは、これまでに一三種類のアミノ酸と二種類の核酸塩基（シトシンとウラシル）が見つかった。

原始地球の大気がミラーたちの予想したように還

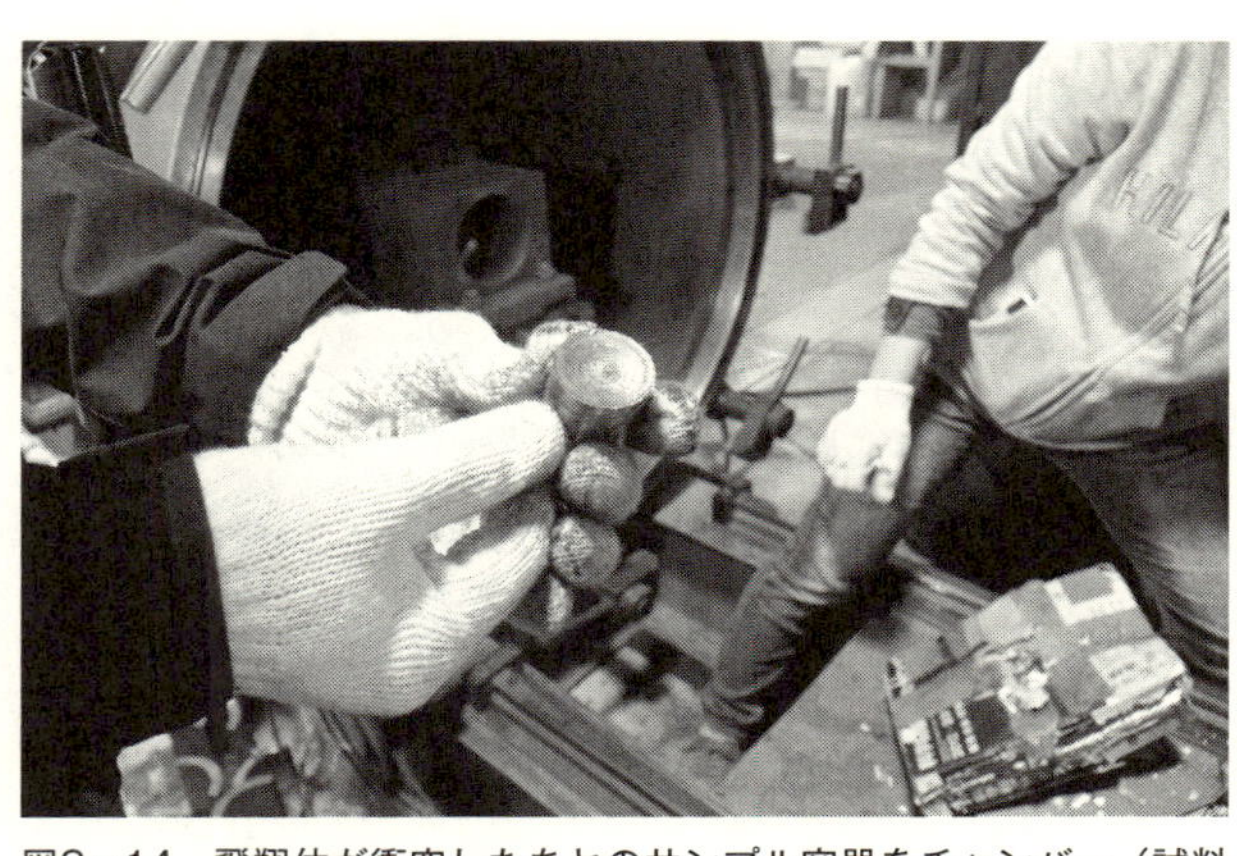

図2－14　飛翔体が衝突したあとのサンプル容器をチャンバー（試料室）から取りだしたところ。底の部分が凹んでいる

元的ではなかった場合、雷を模して電気火花を散らしても、太陽光に含まれる紫外線を当てても、アミノ酸や核酸塩基はできない。しかし、宇宙線を模した陽子線を当てれば、アミノ酸ができることはすでに紹介した。

古川さんの実験は、隕石衝突でアミノ酸や核酸塩基ができた可能性もあることを示している。今ではめったに落ちてこない隕石だが、四〇億年前は大量に降り注いでいたことが、月のクレーターなどからわかっている。

## 生命のふるさとは海と陸の間

60ページで話したように、隕石の中には、もともとアミノ酸や核酸塩基を含むものがある。それらの有機物と、衝突によって生じる有機物とを合わせれば、生物に使われる二〇種類のアミノ酸の半分以上と、チミンを除く核酸塩基のすべてが揃ってしまう。

しかし、一段式火薬銃を使った実験は、大がかりだとはいえ実際の隕石衝突とは比べようもない。射出する飛翔体は直径三センチメートルであるのに対し、隕石の大きさはメートル単位を想定している。飛翔体が達する速度は最高で毎秒約一キロメートルだが、隕石が落ちる速度はその一〇倍以上にもなる。すさまじい衝撃で、蒸気雲が発生している時間も長くなるだろう。ちなみに極端な例だが、恐竜を絶滅させた隕石は直径が一〇～一五キロメートル、衝突速度は毎秒約二〇キロメートルだったという説がある。

こうした規模のちがいが結果にどう影響するのかはまだ検討中だが、今のところ古川さんは、現実の衝突のほうが、より多くの有機物を生みだせたと考えている。

その根拠の一つは、飛翔体の速度を落としていくと、生成する有機物の量が減っていくことだ。逆に言うと、速度を上げていけば（実際には銃の性能的に上げられないのだが）、増えていくことが期待される。

もう一つ、僕が気になったのは、熱水噴出域と同じ問題で、高温の蒸気雲の中では、有機物ができてもすぐに分解されてしまうのではないかということだ。

これについて古川さんは「隕石の衝突で爆発的に膨張していく気体（蒸気雲）は、火山のように継続的に熱が供給されるわけではありません。空気との摩擦などで運動エネルギーを失っていくとともに、周辺部が急速に冷やされていきます。秒速二〇キロメートルでの衝突の場合を計算しても、外側は数秒で一〇〇〇℃以下になるという結果が出ています」と答えた。つまり、有機物のクエンチ（冷却）と保存には問題ないということだ。

そして有機物ができたあとのシナリオだが、古川さんは次のように考えている。

まず、隕石衝突などでできた有機物は、そのまま海に蓄えられた。だが「スープ」と呼べるほどの状態にはならず、海水中ではとても希薄だった。

それが陸の近く――たとえば干潟のような場所で、水が蒸発することにより濃縮されていった。その状態で湿ったり乾いたりをくり返しているうちに、脱水縮合でアミノ酸や核酸塩基などがつながっていった……。

干潟は潮の干満によって海になったり陸になったりする場所だから、これは「海底説」と「陸上説」の中間と言えなくもない。

ただし古川さんは、熱水噴出域でタンパク質や核酸ができるかという点については懐疑的である。一方、陸上においても核酸が簡単にできるとは考えていない。

「単に湿ったり乾燥したりをくり返すだけでは長くつながることができないので、何らかの触媒（鉱物など）が必要です。現在、それを探しているところです」と古川さんは言う。

また、RNAのヌクレオシドと結びつく糖（リボース）は、今のところ隕石の中や衝突実験からは得られていない。これが原始地球上で安定的にできるためには高濃度のホウ酸が必要なのだが、それがどこにあったかも検証中である。

研究についてのお話をうかがったあとで、古川さんに「生命0・5」のようなものは存在しうると思うかを聞いてみた。

すると「半生命のようなものは存在してもいいと思います。ただ生命の定義にもよるでしょう。自分としては（生命となるためには）RNAと膜が、まず必要だと思います。ただタンパク質のほうができやすいので、最初からRNAや膜と一緒に何か働いていてもおかしくはない」という答えだった。山岸さん寄りではあるが、必ずしもRNAがタンパク質より先ではないと考えている点で、少しちがうようだ。

古川さんのように若い研究者が、生命起源の研究では「重鎮」といえる小林さんや山岸さんにどう挑戦していくのか、今後が楽しみである。

## 「点」と「線」と「面」で起源をとらえ直す

ここまでは、生命の起源を「探す」従来型の研究と、その最先端である宇宙生物学の発展を、主に「生命はどこで誕生したか」を切り口にしながら俯瞰してきた。次章からは、生命の起源を「つくる」新しい研究分野「合成生物学」をみていくつもりなのだが、その前に第一章でお話しした「起源」の問題をからめつつ、まとめ直しておきたい。

起源は「点」でとらえる場合と「線」や「面」でとらえる場合とがある。

生命が誕生した場所を「海底熱水噴出域」あるいは「陸上の温泉地帯」と言った場合、それはどちらかというと点でとらえている印象がある。熱水噴出域も温泉地帯も一ヵ所しかなかったわけではなく、まだ熱かった原始地球には無数にあったはずだ。しかし一個の細胞が生まれるのに複数の場所が必要だったわけではないから、無数にある中のどこか一ヵ所ということになる。

ただミクロの視点では、熱水噴出域にも温泉地帯にもさまざまな環境がある。たとえば熱水噴出域で一個の細胞が生まれるのに、熱い場所でのアミノ酸生成と冷たい場所でのクエンチが必要だったとなれば、二つの場所を合わせた面としてとらえていることにもなる。

また古川さんのように干潟などを想定した場合は、海と陸とを含む、より大きな面でとらえているとも言えるだろう。さらに有機物ができた場所を暗黒星雲の分子雲や、彗星の上などに求めた場合は、地球を含む宇宙の広大な領域が、生命誕生の場だったということになる。

一口に「生命はどこで生まれたか」といっても、どこに視点を置くかによって、議論は変わってくるということだ。

一方で時間的な尺度では、どうだろうか。無から有を生じる不連続な起源を「点」だとすると、山岸さんの「RNA生物からが生命、それ以前は単なる高分子」だとする主張は、どちらかというと点でとらえているイメージだ。対する小林さんの「がらくた生命」は、複雑さの飛躍的増加がどこかで起きることを想定しており、連続的な起源つまり「線」とみたほうがいいだろう。

点と線のどちらでとらえるのが正しいかは、今のところわかっていない。古川さんが言うように生命の定義にもよるのだとすれば、正解はない、ということにもなる。ただ少なくとも日本人の間では、線でとらえるほうに人気がありそうだ。

ブルーバックスのウェブサイトで連載した「生命1・0への道」では、読者を対象に「生命と非生命との間に『生命0・5』は存在しうると思いますか」というアンケートをとってみた。すると回答者八五人のうち九割以上が「存在しうると思う」と答えている（本稿執筆時点）。「生命0・5」が要するに半生命、あるいは生命のベータバージョンみたいなものだとすれば、起源を不連続ではなく、連続的なものととらえている証左にほかならない。

研究者の間でも、僕の印象としては連続的な起源を考えている人が多そうだ。実際、連載で取材した研究者のうち、古川さんを含む七人に「半生命はいると思いますか」と尋ねたところ、五人が「いると思う」あるいは「いてもいい」と答えている。

日本人以外の人々は、どう考えているだろう。いつかアンケートをとってみたいものだ。

# 第三章

# 「生命の起源」をつくる

1

# キッチンで人工細胞をつくろう！

## 非公開にされた「クックパッド」のレシピ

ご存知の読者も多いと思うが、「クックパッド」は人気の料理レシピ投稿サイトである。何かつまみになるようなものをつくれないかと、筆者も何度か検索したことがある。おそらく多くの主婦が日々、利用していることだろう。

二〇一六年の夏ごろ、このサイトに奇妙な「レシピ」が一時的に掲載された。「簡単♪人工細胞」というタイトルで、説明にはこう書かれている。

「試験管内タンパク合成系PURE systemを巨大膜小胞の中に閉じ込めて、遺伝子からタンパク質を合成してみました」

ほとんどの人には意味不明にちがいない。材料のリストを眺めても、「DNA」を除けば馴染みのない横文字ばかりだ。手順もわけがわからないし、添えられている写真は明らかにキッチンで撮られたものではない（図3－1）。

ただ「このレシピの生い立ち」には、「ラボにあった材料で、簡単・本格的な人工細胞を創っ

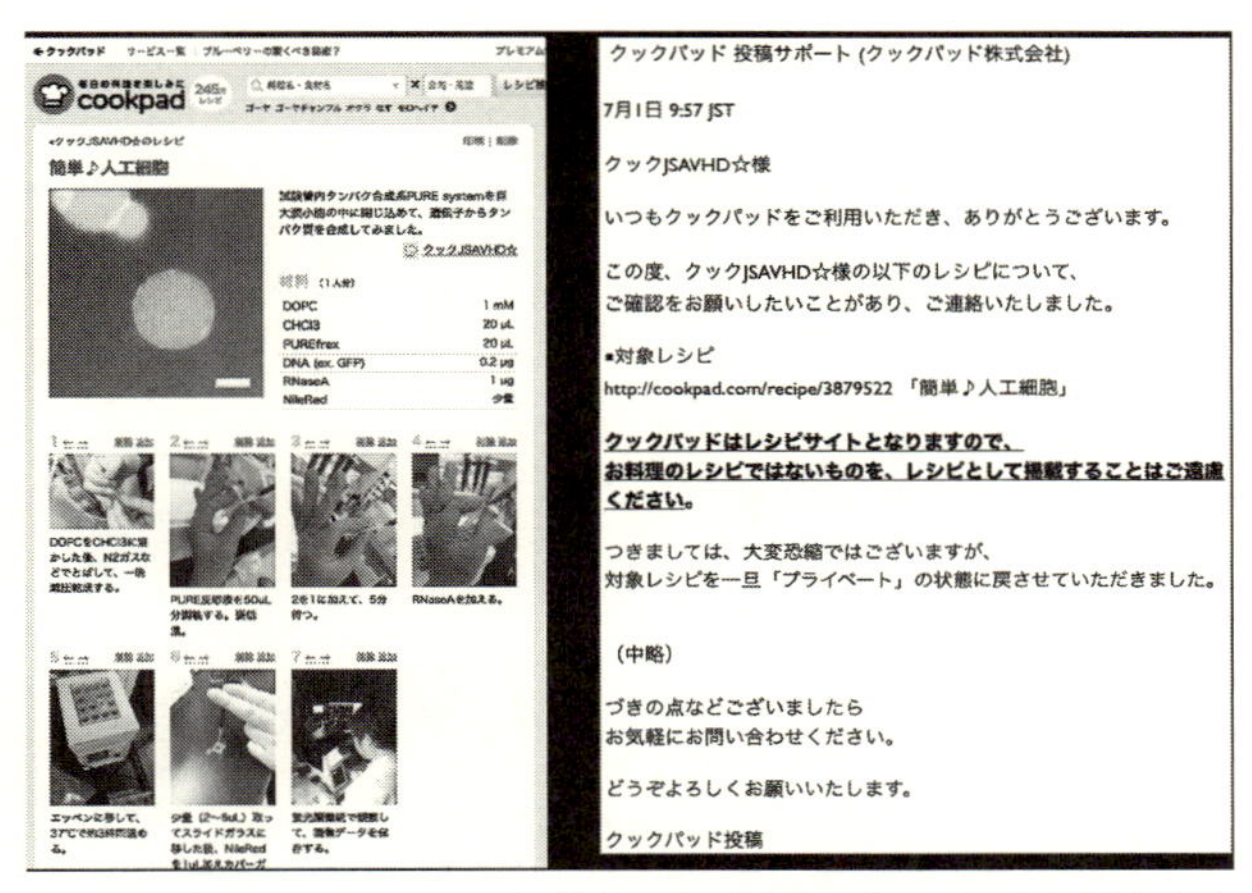


クックパッド 投稿サポート (クックパッド株式会社)

7月1日 9:57 JST

クックJSAVHD☆様

いつもクックパッドをご利用いただき、ありがとうございます。

この度、クックJSAVHD☆様の以下のレシピについて、
ご確認をお願いしたいことがあり、ご連絡いたしました。

■対象レシピ
http://cookpad.com/recipe/3879522 「簡単♪人工細胞」

**クックパッドはレシピサイトとなりますので、
お料理のレシピではないものを、レシピとして掲載することはご遠慮ください。**

つきましては、大変恐縮ではございますが、
対象レシピを一旦「プライベート」の状態に戻させていただきました。

（中略）

づきの点などございましたら
お気軽にお問い合わせください。

どうぞよろしくお願いいたします。

クックパッド投稿

図3－1　「クックパッド」に掲載された「簡単♪人工細胞」と題されたレシピと、その公開停止を伝えたメッセージ

てみました。プレゼントにもぜひ」と書かれている。どうやら人工的に細胞をつくる方法が、記されているらしい。

　だが、それをプレゼントしてどうするのか？　僕はもらってうれしくないこともないが、やはり多くの人には疑問だろう。実際、とあるニュースサイトにもこの「レシピ」が取り上げられ、「なぜ作ろうと思った⁉」とヘッドラインで問いかけられている。誰もがそう首をかしげずにはいられないはずだ。

　残念ながら（？）、この「レシピ」の一般公開は「クックパッド」の運営会社に許可されなかったため、今は見ることができない。投稿者に届いた運営会社からのメッセージには、「お料理のレシピではないものを、レシピとして掲載することはご遠慮ください」と

書かれていた。

どうせなら、できた人工細胞を調理して食べる方法まで示してあれば、よかったのかもしれない。しかし、そういう問題でもない気はする。


この「レシピ」を投稿したのは、海洋研究開発機構（ＪＡＭＳＴＥＣ）超先鋭研究開発部門研究員の車兪澈（くるまゆうてつ）さんだ。合成生物学で生命の起源に迫ろうとしている、新進気鋭の研究者である。

一見、すごく真面目そうなのだが、わりと茶目っ気は多い。

第一章の最後に出てきた「もし起源を不連続なものとするなら、生命の起源もビッグバンにさかのぼると言わざるをえない」と発言した合成生物学者というのは、車さんのことである。

「クックパッド」の件も、半分はシャレだったのだという。

もとネタは実験手法ばかりを掲載している学術雑誌に出していた論文なのだが、読者にとっては何となく小難しくてとっつきにくい。内容は詳しいものの、英語で書かれていることもあって敬遠されそうだ。もっといい媒体はないかと考えているうちに「クックパッド」が頭に浮かんだ。

「あれは非常に優秀なフォーマットで、『アブストラクト（概要）』もあるし『マテリアルズ＆メソッズ（材料と手法）』や背景を書くところもあるし、各ステップが写真つきで並べられて、成功例も挙げられる。論文のフォーマットをある程度、網羅しているんです。だから、こっちでやったほうがいいんじゃないかと思って」やってみたそうである。

　動機はともかく、実際に「レシピ」を見た人の何人かは面食らっただろう。そもそも人工細胞とは何なのか。そんなものを本当につくれるのか。つくってしまっても、いいものなのか？

## 工学的な手法で生命の起源に迫る

「本書の起源」でも説明したが、合成生物学とは、平たく言えばその名の通り、生物そのもの、あるいは生物の部品や機能を、人工的につくりだそうとする学問だ。おそらく日本では、まだ耳に馴染まない人が多いだろう。だが世界的には注目度ナンバーワンともいえる新分野で、近年、急速に発展している。

　それは多くの科学的な知見をもたらすばかりでなく、新しくつくりだした生物（の部品や機能）が、医学やさまざまな産業に応用できると期待されているからだ。欧米そして日本でも、十数億から数十億円規模の資金を得ている研究プロジェクトが、いくつかある。

　第二章で紹介してきた生命起源の研究は、現存の生物を含めた自然を観察・分析して、四〇億年前に何が起きたかを推定し、それが正しいかどうかを実験で確かめようとしていた。その多くは実験室内に原始地球と同じ（と想定される）環境を部分的にあれこれ再現して、何が「自然に」できてくるかを調べていたのである。

つまり、手法としては「理学的」あるいは「解析的」であり、そういう意味では「伝統的」だった。

これに対して合成生物学による生命起源の研究は、「工学的」あるいは「構成的」な手法をとる。つまり、四〇億年前の状況がどうだったかを念頭に置きつつも、今ある材料や道具をガンガン使って、生物（的なもの）全体やその一部をつくり、できてしまったら、あらためてその意味を過去にさかのぼって考える。

ばらばらに分解してしまった時計を、それぞれの部品の働きや、部品どうしの関係などを考えつつ、試行錯誤しながら組み立て直すようなものだろうか。その過程で「時計」を可能にする原理や仕組みが見えてくる。一種のリバースエンジニアリングだ。あるいは人間の「脳」を理解するために「人工知能」をつくってみることにも似ている。

その場合、今の地球に存在する生物を完全に模倣するのではなく、四〇億年前にいたであろう（おそらくは非常にシンプルな）生物や、その部品をつくろうとすることが多い。ある程度、理論的に考えたそれらの生物や部品が、実際に生きものとして、あるいは部品として機能するかどうかを、再現してみることで確認する。いわば「生命の起源（となる生物や部品、状況、過程）

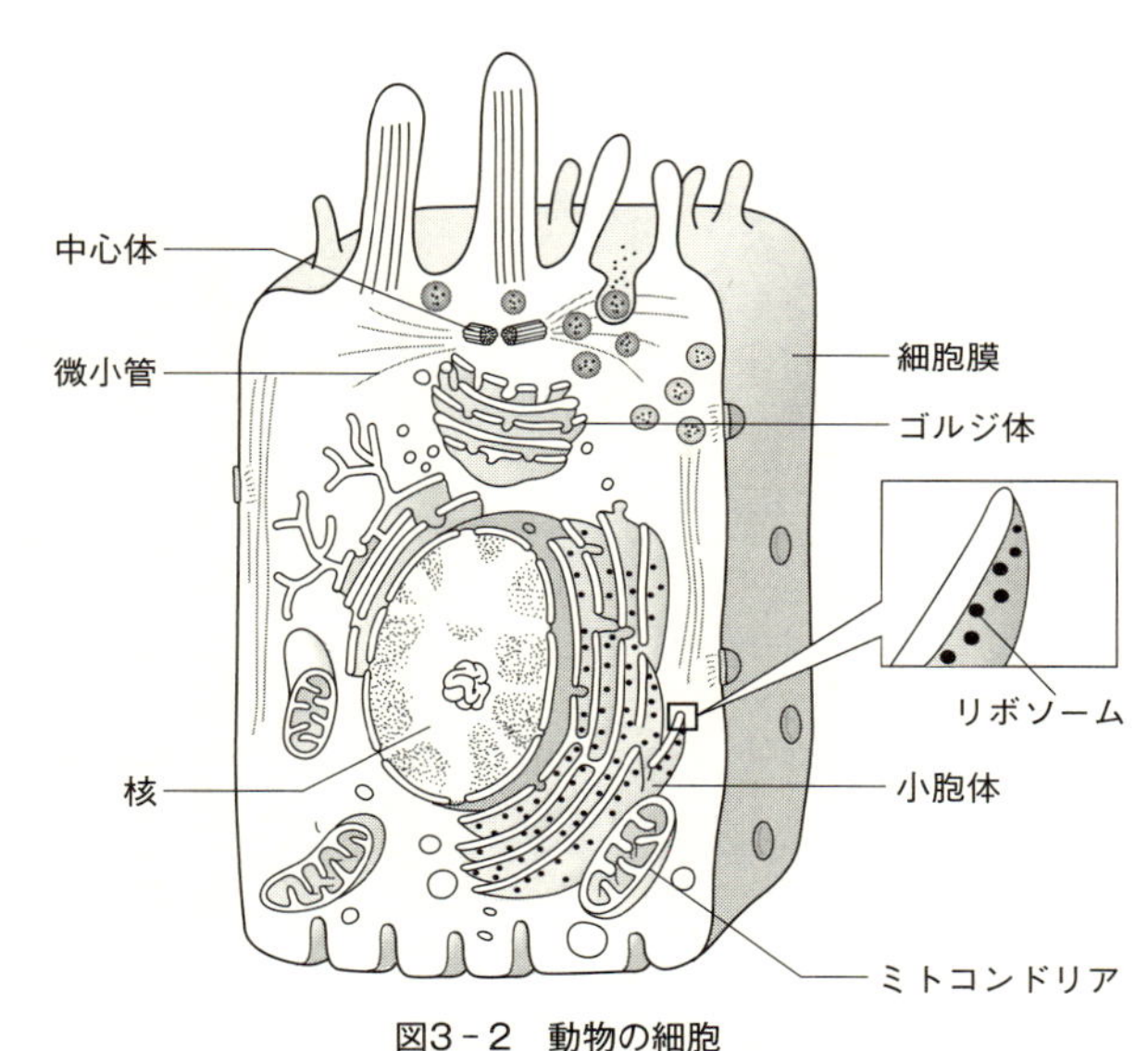


図3－2 動物の細胞
（作／金井裕也 ブルーバックス『新しい人体の教科書 上』を改変）

をつくる」というわけだ。

具体的にどのような研究が行われているかは次項から見ていくことにして、その前に先ほどの「人工細胞とは何なのか」と「そんなものを本当につくれるのか」という疑問に答えておきたい。

まずは、理科の教科書に載っているような、細胞の模式図を思い浮かべてほしい（図3－2）。その基本的な構造は「細胞膜」という袋の中に、核やミトコンドリア、リボソームといった「細胞小器官」が入ったものである。これと同じものを人工的につくれば、それが人工細胞となる。

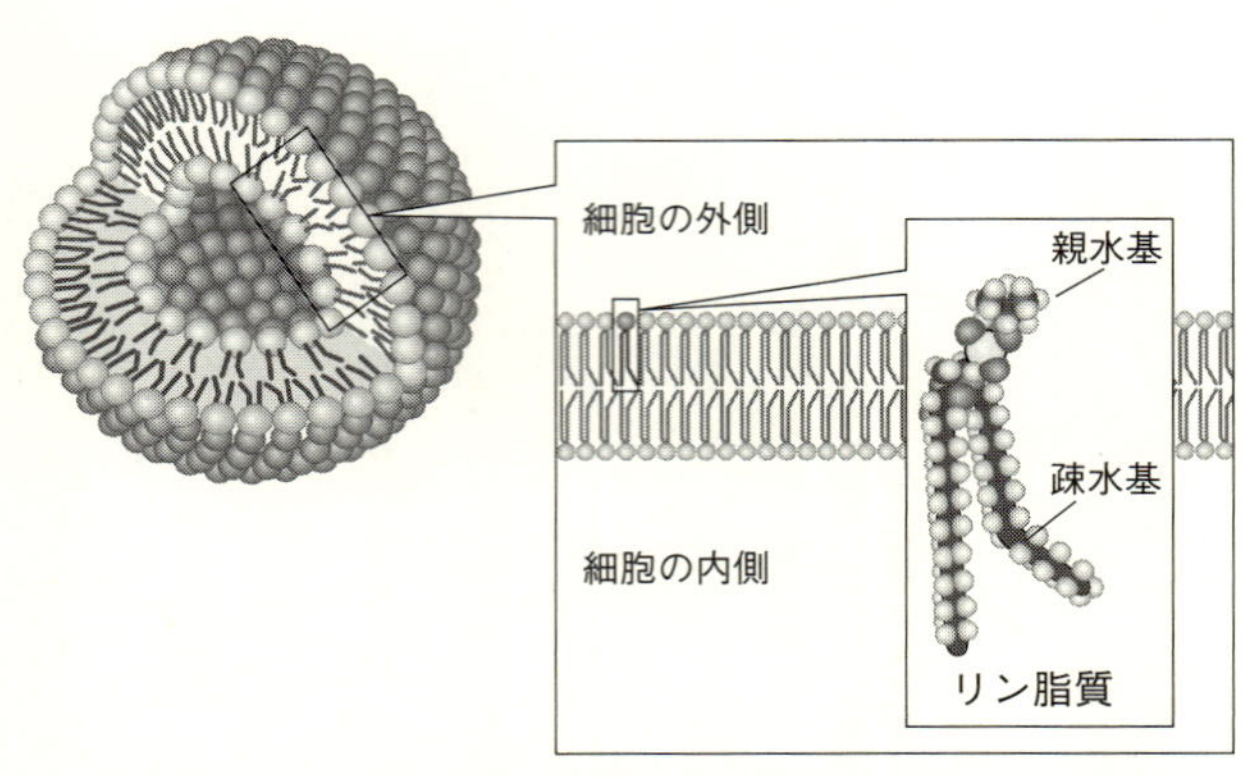


図3－3　ベシクル（左）と、その膜を構成するリン脂質の模式図

その人工細胞が「生きている」とみなせるものであれば「人工生命」と言ってしまってもいい。とはいえ細胞は何十億もの分子からなる複雑な「装置」だ。最初からすべての再現は無理である。

そこで車さんのような合成生物学者は、まず膜をつくることから始めた。細胞膜は、しばしば「脂質二重膜」と表現される。「親水基」と「疎水基」〔注19〕をもつ「リン脂質」という脂質が、ずらっと二重に並んでカプセルないしは袋状の膜となったものである。

これを「ベシクル」あるいは「リポソーム」と呼ぶが、リポソームだと細胞小器官のリボソームと混同しやすいので、以下ではベシクルに統一する（図3－3）。

〔注19〕分子の中で水と結びつきやすい部分（原子団）を「親水基」、逆に水をはじく部分を「疎水基」と呼ぶ。したがってリン脂質を水に入れれば、自動的に親水基が水分子と接するように並ぶこととなる。

## 簡単♪キッチンで人工細胞

実際に人工細胞の、とりあえず膜だけをつくるのは比較的、簡単である。それこそキッチンでもできる。材料はスーパーやドラッグストア、一〇〇円ショップなどで手に入る。

車さんが「クックパッド」に載せた方法は専門家向けなので、それをわかりやすくしたバージョンを以下に載せよう。筆者が実際に試して成功した方法なので、誰にでもできるはずだ。もし、よかったら読者の皆さんも試してみてほしい。大してお金もかからない。面倒なら以下を読むだけでも、イメージはつかめるだろう。

なお、この「キッチンで人工細胞」のレシピは、東北大学工学部・分子ロボティクス研究室准教授の野村（のむら）・M・慎一郎（しんいちろう）さん考案のプロトコル（手法）に基づいている。筆者が実施するにあたっては野村さんに細かいアドバイスをいただき、完成したベシクル（人工細胞膜）が本物かどうかも写真で判定していただいた。

野村さんのライフワークは「スーパーで買った材料だけで、自己複製のできる細胞をつくる」ことだという。実現したら、それこそ「スーパー細胞」の誕生だ！

前置きはこのくらいにして、さっそく始めよう。

# キッチンで人工細胞

用意するもの

いずれもスーパーやドラッグストア、100円ショップなどで買える。500円以上するものはない。筆者は総額1300円くらいで揃えた。

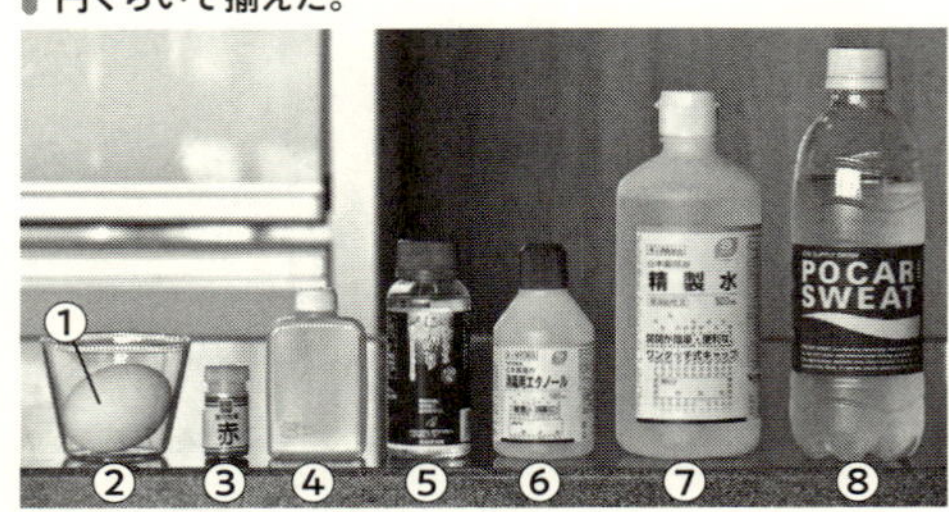


① 鶏卵

② 捨ててもかまわない容器
（お弁当のおかず入れなど使い捨ての容器でも可）

③ 食紅（染色をしないのであれば不要）

④ タレ瓶（写真のものより小さいほうが扱いやすい）

⑤ にがり

⑥ 無水エタノール（消毒用エタノールでも可）

⑦ 純水（精製水でも可）

⑧ ポカリスエット

あれば便利かもしれないもの

- ラップ（スライドグラスなどがない場合）
- スライドグラスなどの透明な板（プラスチックでも可）
- スポイトまたは注射器（100円ショップで買えるもので可）
- 学習顕微鏡（生物顕微鏡）または
  スマホ用顕微鏡（200〜300倍）

## 1

適当な容器に卵の黄身だけを割り入れ、タレ瓶で黄身を少し吸い上げる（容量の5分の1くらいでいい）。

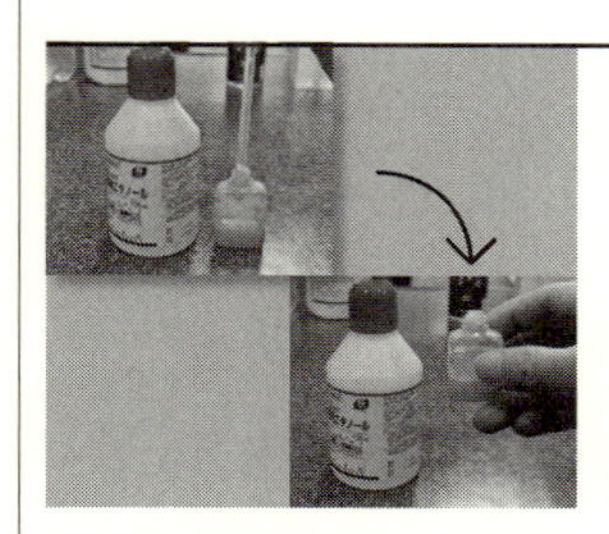

## 2

タレ瓶の中にエタノールを入れる。黄身より少し多めがいい。これによって、卵の黄身が持っている脂質を溶かしだす。

## 3

にがりを数滴垂らす。これにより黄身のタンパク質を固まらせて、沈殿しやすくする。

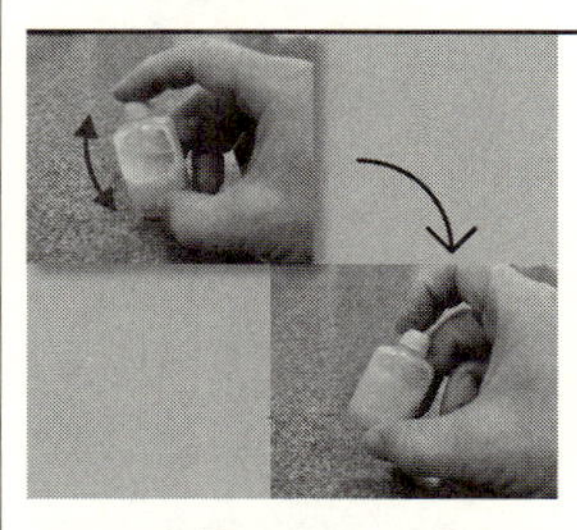

## 4

軽く振って混ぜる。すると全体として、おぼろ豆腐状に固まる。エタノールを入れた段階で少し振っておき、あとからにがりを加えて、また振ってもよい。筆者の場合、そのほうが次の手順5で、より多くの脂質を得られた気がする。

## 5

しばらく置いておくと、黄色い半透明の上澄みができてくる。ここに膜の材料となる脂質が溶けている。

# キッチンで人工細胞

## 6

上澄みだけをスポイトなどで慎重に吸い上げ、スライドグラスかラップなどの上に数滴、垂らす。

## 7

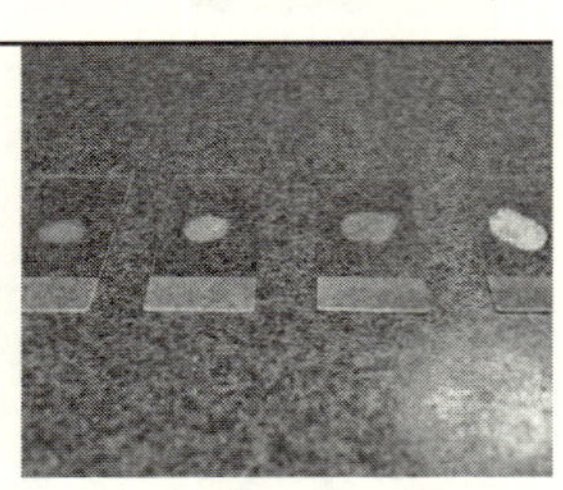

数十分、放っておいて乾かす。このとき、何枚か試料をつくっておくと、やり直したくなったときに時間を節約できる。乾かすにはドライヤーやホットプレートなどを使ってもいいと思うが、筆者は試していない。

## 8

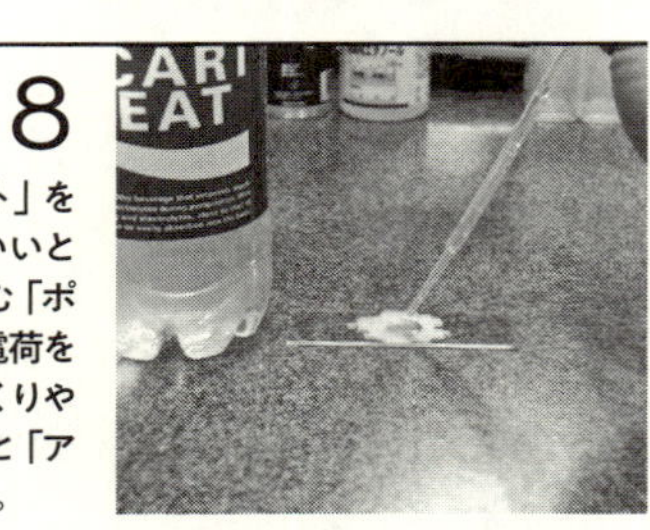

乾いた脂質の上に、「ポカリスエット」を数滴、垂らす。純水や精製水でもいいと思われるが、イオン（電解質）を含む「ポカリスエット」のほうが、脂質表面の電荷を安定させるので、よりベシクルをつくりやすくなるらしい。なお野村さんによると「アクエリアス」ではうまくいかないという。

## 9

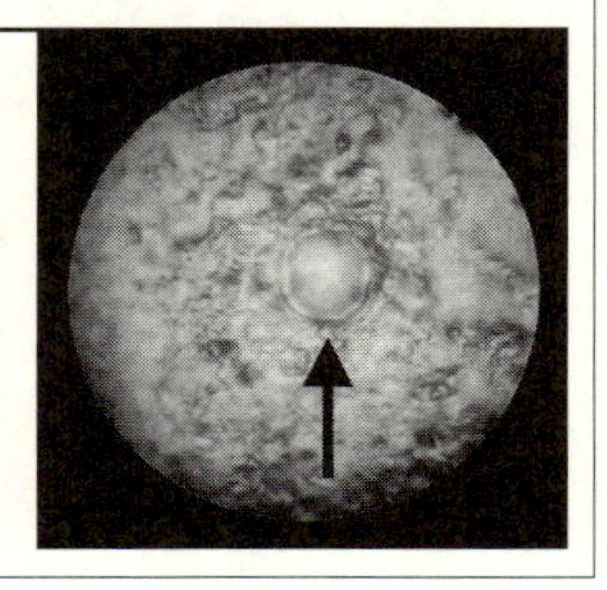

何も問題がなければ、数分後にベシクルができているはずなので、それを顕微鏡などで確認する。丸くてきれいなものは、プロの研究室でもなかなかできない。たいてい歪んでいるし、まわりにべとべとした脂質がくっついていたりする。むしろ見てくれのよくないほうが、本物である可能性が高い。これで満足できれば終了。

確実に「ただの泡」ではないことを証明したくなったら、以下の手順に進む。

10

「ポカリスエット」に食紅を適量入れて溶かし、できた液を乾いた脂質の上に垂らす

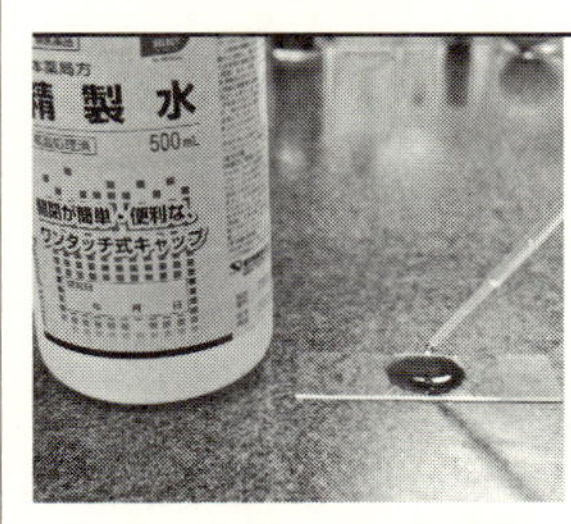


11

数分後、さらに純水か精製水を垂らして2～3倍に薄める。カバーグラスがあれば、載せたほうがいいかもしれない。

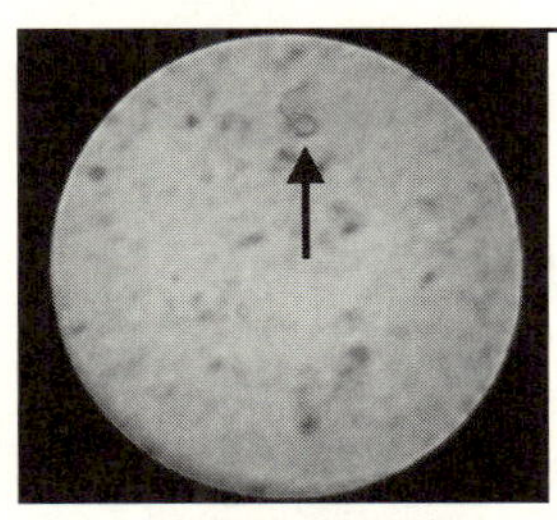

12

顕微鏡で観察する。内部が赤く染まった小胞があれば、それは食紅を取りこんだベシクルだとわかる。ただの泡であれば染まらない。手順11で薄めたため、ベシクルも拡散して見つけにくくなっているだろうが、根気よく探す。

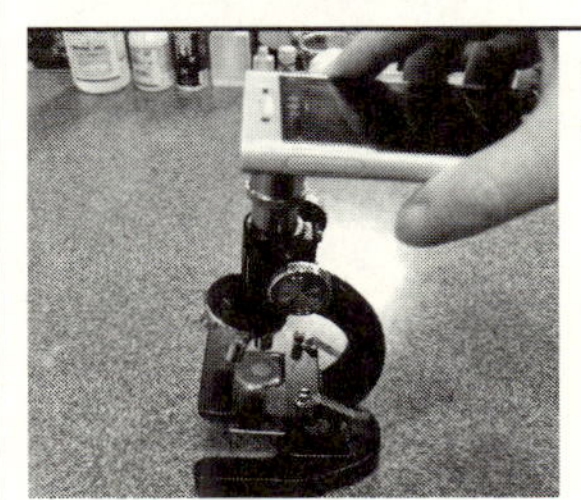

13

必要に応じて写真を撮る。スマホ用の顕微鏡を使えば簡単だが、普通の学習顕微鏡などでも接眼レンズにスマホをくっつければ、何とか撮ることはできる。手順9や手順12の写真は、この方法で撮影した。

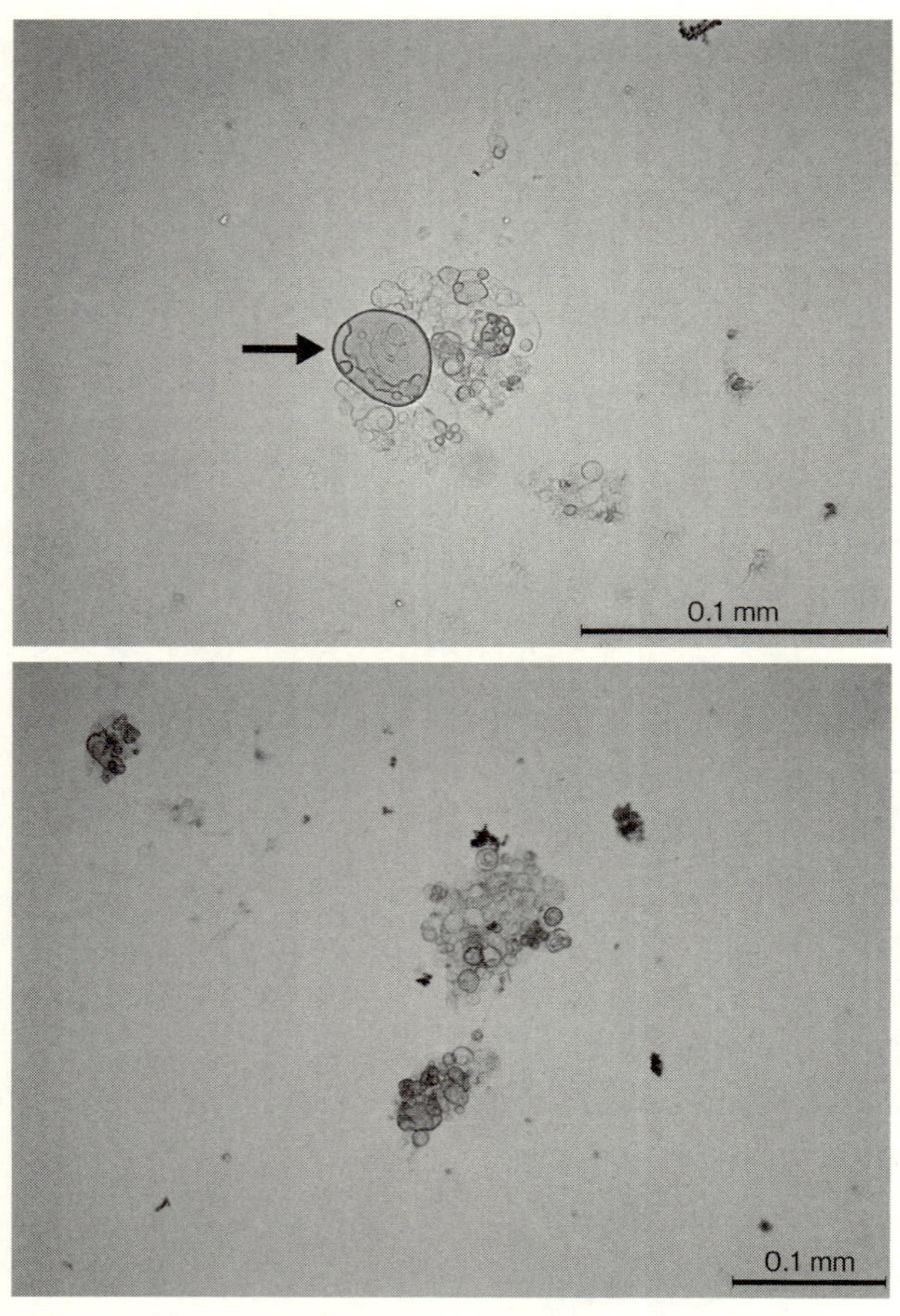


図3－4　食紅の入ったポカリスエットを取りこんで、中が赤く染まったベシクル（上）と、それがたくさん集まって塊となっている様子（下）

なお、手順の12でできたベシクルのいくつかを、とあるラボに依頼して、ちゃんとしたプロ用の顕微鏡で撮影してもらった（図3－4）。けっこう、きれいな膜のラインが写っている。

というわけで人工細胞をつくる最初のステップは、さほど難しくなかった。試料を乾燥させたり、写真を撮ったりする時間を除けば、作業時間は三〇分以下だったと思う。それで本物の細胞膜とまったく同じものを、つくってしまったのである。

野村さんのプロトコルには、このあと、ベシクルの中にＤＮＡを入れる方法も書かれている。そこまでいくと、さすがにちょっと手間だし、あまり自信がなかったので筆者は試さなかった。しかし興味がある人のために、ざっと紹介しておこう。

ＤＮＡもバナナのような果物や野菜などから、キッチン用品で取りだせる。方法は「ＤＮＡ「抽出」「キッチン」というような組み合わせで、ネットを検索してほしい。

首尾よくＤＮＡがとれたら、それを軽く乾燥させた後、手順5で得られた卵の脂質と混ぜる。その混ぜたものをスライドグラスなどの上に垂らして、しばらく乾燥させたら、そこにポカリスエットを垂らして再び乾燥させる。最後に純水か精製水を垂らすと、ＤＮＡを内包したベシクルができる。

あらかじめＤＮＡ自体を染色しておけば、ちゃんと中に入っているかどうかを確認できるだろう。要するに手順10では食紅で染色したポカリスエットだけをベシクルの中に入れたが、同じ要領でＤＮＡなども入れられるということだ。

念のために言っておくと、これでできたＤＮＡ入り人工細胞が、本物の細胞と同じように分裂して増えたりすることはない。さすがに、そこまで単純ではない。もし増えてしまったら、野村さんのライフワークもすでに実現していることになる。あくまでも細胞を部分的に再構成しただけだ。

「つまり、細胞の単純化されたモデルというか「細胞もどき」なのだが、キッチンで簡単にできてしまうところが重要である。実際に自分でやってみれば、野村さんのライフワークもあながち荒唐無稽ではないことがわかるだろう。

これが、ちゃんとした実験室で、一般には手に入らないような素材や薬や、道具などを駆使しなければできないとなると、そもそも原始地球で生命が「勝手に」発生することなど望むべくもないはずだ。それこそ「造物主」の存在を想定しなければならなくなる。

生命は案外、簡単にできてしまうのかもしれない。少し手先の器用な人だったら、明日にでも冷蔵庫やコンロの前で「神様」になってしまったりするかもしれない。「キッチンで人工細胞」は、そんな、ちょっとゾクッとするような気分を味わえる実験なのである。

## 2 単なる油の粒でも、これだけやれる

合成生物学者の中には、ベシクルよりもっと簡単な材料で、生きものっぽいものをつくっている人がいる。東京大学大学院総合文化研究科准教授の豊田太郎（とよたたろう）さんは、その一人だ。もともとの専門は合成化学だが、さまざまな分野にまたがりながら「生命の起源」や「生命とは何か」といった問題を解明しようとしている。

そのアプローチは「生命らしさ」の追究だ。必ずしも今の生物と同じメカニズムではなく、もっとシンプルだが「それっぽく」ふるまうものをつくっている。そこから、だんだん本物の生命に近づけようとしているらしい。何を使うかというと、油の粒、すなわち「油滴」だ。

見た目や動きは細胞っぽいのだが、あまりに単純なデザインなので、豊田さん自身はそれを人工細胞ではなく「原始細胞の化学モデル」あるいは控えめに「細胞もどき」と呼んでいる。単純とはいっても、素人がキッチンでつくるような「細胞もどき」とは、ちょっと意味がちがう。ちゃんと「設計」されているのだ。

### 「生命らしさ」の進化を再現する

第二章では、「シンプルな分子」から「複雑な生体分子」へという化学進化について語ってきた。豊田さんの場合は、「シンプルなふるまい」から「生きものっぽい行動」へ、という方向だと言ったらいいだろうか。そうなると、顕微鏡下での「観察」が重要になる。もともと動画づくりが好きだというのも、現在の研究を始めた動機の一つらしい。

豊田さんが考えている「生命らしさ」には四つある。一つ目は内と外を分ける境界があること、二つ目は増殖できること、三つ目は刺激に対して変形したり動いたりすること、そして四つ目は「履歴」を伴っていることだ。

履歴というのは、増殖したあとも次の世代に性質を継承していることなのだが、必ずしもDNAやRNAが関わっている必要はない。どんな形式でもかまわないが「過去に細胞らしきものが受けた刺激や、自分がどうふるまったかということが、増殖後のものにも影響を与えていたり、時間をまたいで受け継がれていたりすること」が条件だという。

**変形しながら動き、増殖もする油滴**

以上のようなコンセプトで、豊田さんはアメーバのように変形しながら動きまわり、しかも増殖するという細胞もどきをつくりだした[注20]。「それって、いきなり生物じゃん」と思うかもしれないが、これはミクロの「からくり人形」だ。

まず、この場合に豊田さんが使っているのは、ベシクルのように膜があって中に水が入っている小胞ではなく、油の粒である。水の中にぽちょんと油を落とすと玉になるが、基本的には、あれのうんと小さなやつだと思えばいい。玉の内側にある物質は外に出ていかないから、膜はなくても境界はあるといえる。

それが散らばっている水の中に界面活性剤（洗剤のようなもの）を加えると、あら不思議、小さな油滴はまるで生きているかのように動きだすのである。そのスピードは一秒間に数マイクロメートル、速いものだと五〇マイクロメートルくらいだという。本物のアメーバは一秒間に〇・五〜四・六マイクロメートルだというから、同じか、それ以上だ。そして長ければ半日くらいは泳ぎまわっているという。

そのメカニズムは、まだはっきりとしていない。界面活性剤の分子は、水と油が接している面があると、そこに吸着してから、油の中に入っていく性質がある。油滴の表面上で、界面活性剤が入っていく量に少しでもばらつきがあると、多いところから少ないところへと分子が流れるようになる。これが油の分子をも動かして、油滴の中に対流のような動きが生じる。すると、まわりにある水も一方向に流れて、結果的に油滴が動いていくのではないかと、豊田さんたちは考えている。

実際、水の中に界面活性剤の濃い場所と薄い場所があると、油滴は濃いほうへと動

〔注20〕本項は動画を見たほうがわかりやすく、また面白いと思うので、ぜひ以下の記事をご参照いただきたい——藤崎慎吾「そして『生命2・0』への道（中編）〜コップも椅子も生命になる」生命1・0への道（2019）
https://gendai.ismedia.jp/articles/-/59381?page=3

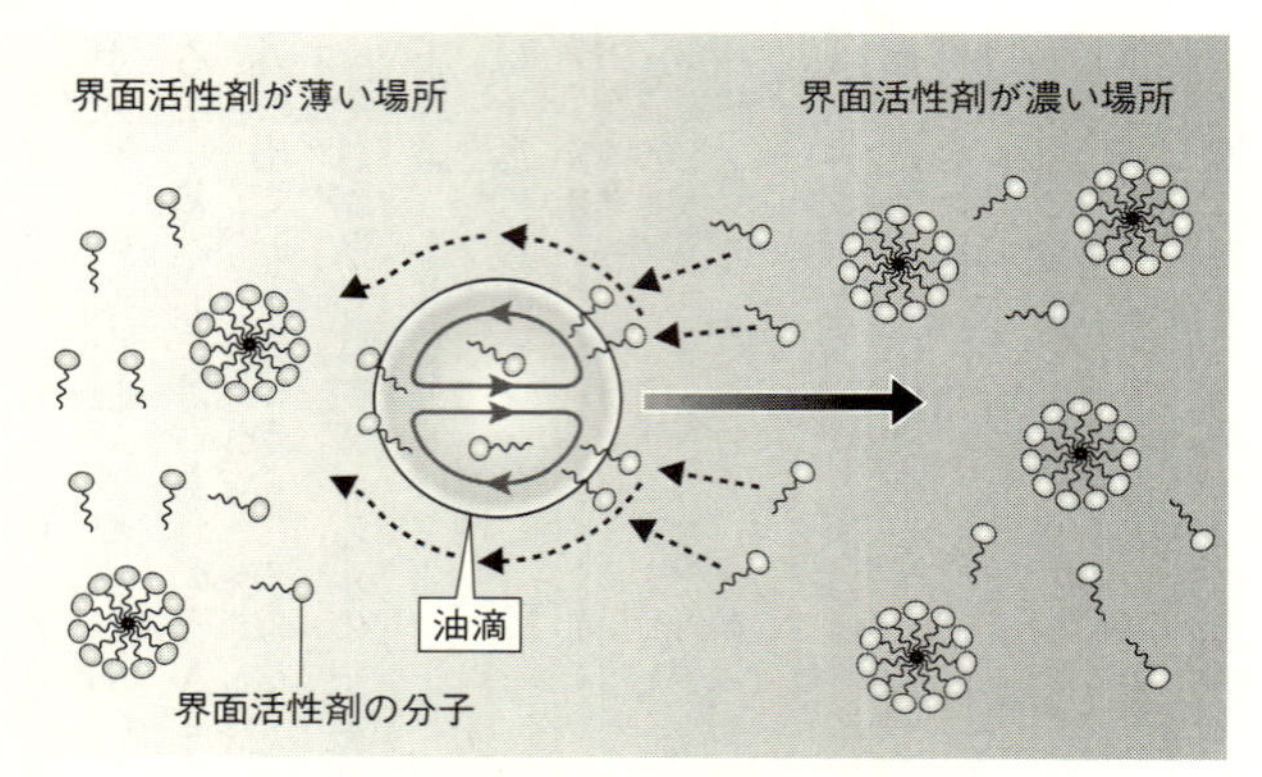


図3－5　油滴が動く仕組みの模式図
界面活性剤の分子が油滴の中に入ると内部で対流が生じ、油滴は太い矢印の方向に動く（提供／豊田太郎氏）

いていく。やがて界面活性剤が均一に拡散して濃度差がなくなると、油滴は止まってしまう（図3－5）。

最初の実験で使っていた油滴の油は一種類だけだった。それだと丸い玉が、そのままチョロチョロ動いていくにすぎない。あまり面白くないので何種類かの油を混ぜてみると、今度はぶよぶよしながら動くようになってきた。油によって挙動が変わるのだ。これで結構、生きものっぽくなる（図3－6）。

ぶよぶよしてくるとなったら分裂も誘導できそうだと豊田さんらは考えた。そこで、まず動きやすい油と動きにくい油を混ぜて、より変形しやすくした。また界面活性剤にも工夫を凝らし、油滴に取りこまれると分子の一部がちぎれて、油滴の

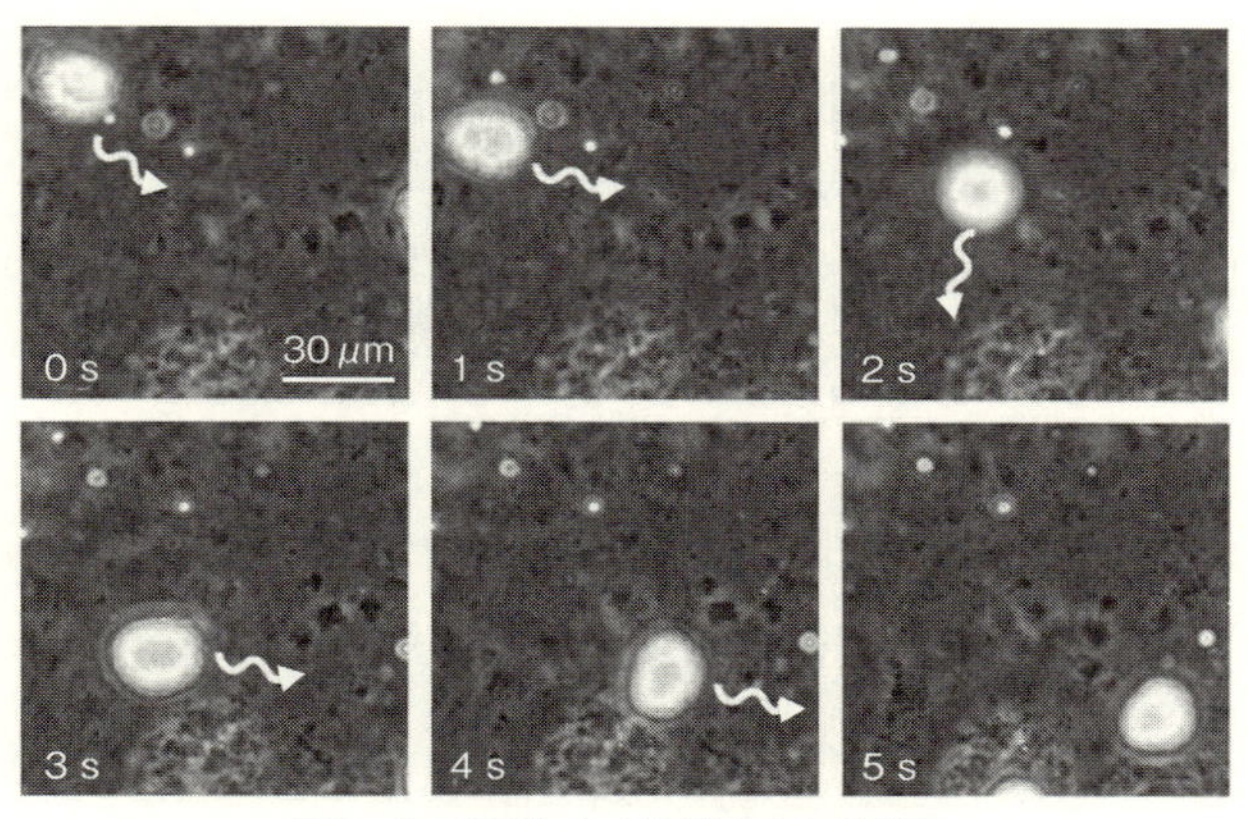


**図3－6　変形しながら動きまわる油滴**
移動する方向に対して扁平となる（提供／豊田太郎氏）

成分と同じになるようにした。つまり、この界面活性剤を溶かした水の中で動きまわれば、油滴は「餌」を得られるというわけだ。

油滴は界面活性剤を吸着させて動きまわればまわるほど、ぶよぶよと太っていく。太れば変形の度合いも大きくなっていく。そして一定の限界がくると、二つにちぎれてしまう。それが分裂というわけだ。

実際の映像では、ちぎれるというよりは油滴の中に小さな油滴ができて、それが生まれ出てくるように見える（図3－7）。クラミドモナスという単細胞の緑藻などは、似たような細胞分裂をするらしい。

もし素人が何の説明もされずにこの映像を見たら、たぶん生きものだと思ってしまうのではないだろうか。動きまわっていた油滴が、分裂すると

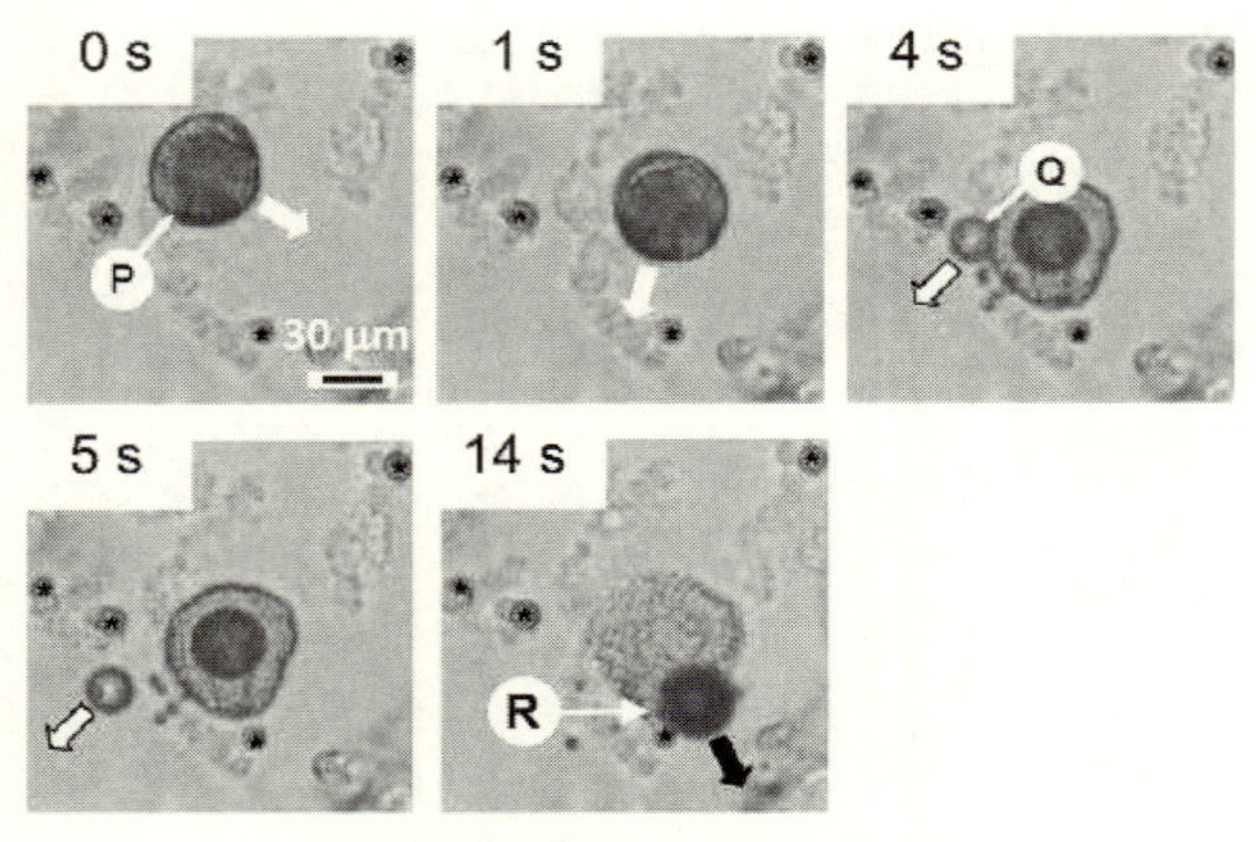


図3－7　動いたあとに分裂もする油滴
第１世代の油滴（P）が水中を泳ぎながら分裂して、第２世代の油滴（Q, R）となる
（提供／豊田太郎氏、出典：豊田太郎、本多智「合成両親媒性分子で創る細胞様システム」生物物理（2016））

きには少しおとなしくなったりするのも、妙に生きものっぽい。しかし実際は何の構造もない、単なる油の粒なのだ。

**液晶でできた線虫や蠕虫が這いまわる**

このように化学反応の組み合わせによって、豊田さんは自身が考える「生命らしさ」のうち、「動き」と「増殖」を再現することができた。「境界」はすでにあるから、残るは「履歴」である。

アメーバっぽい油滴でも、「子供」の油滴は同じように動きまわって分裂するから、性質を受け継いでいると言えなくもない。ただ、いかんせん動きがシンプルすぎて、個性みたいなものはまったく見当たらない。単に物理化学的な現象がくり返されているだけと言われたらそれまでだ。

そこで豊田さんは普通の油滴ではなく「液晶滴」を使ってみることにした。液晶というとテレビやスマホの画面を思いだしてしまうが、あれは専門的には「サーモトロピック液晶」と呼ばれている。液晶にはもう一つ、「リオトロピック液晶」と呼ばれるものがあって、豊田さんが使うのは、この種の液晶だ。

これも溶液中に浮かぶ油の粒にはちがいないのだが、普通の油滴では中身の分子がバラバラの状態になっているのに対して、液晶滴では向きの揃った分子が整然と並んでいる。実際、偏光顕微鏡で見れば虹色に光って、いわゆる水晶のような結晶を彷彿とさせる。だが固体でも液体でもない中間的な物質だ。

たとえば、ある特殊な油脂は、水に分散させるだけで、にょろにょろと動く紐状の集合体をつくる。この紐が液晶なのである。豊田さんの研究室で、まだ公開はできない映像を見せてもらったのだが、それは身をくねらせながら這っていく線虫にそっくりだった。界面活性剤による刺激で動くところは油滴の場合と同じだが、泳ぐメカニズムはもう少し複雑ではないかという。

また、勝手にできる液晶滴ではなく、人工的に力を加えてつくった液晶滴だと、界面活性剤を入れなくても動きまわる。輪ゴムを何度もひねってから机の上に置くと、飛び跳ねながらほどけていくが、原理的にはそれと同じだ。つくられたときの歪(ゆが)みが解消されるときの力で、蠕虫(ぜんちゅう)（ミミズやヒル）みたいにガラス板の上を這っていく。

このように、油滴では単純な動きだったのが、中身の分子を整然と並べるだけで、複雑な運動が出やすくなる。相変わらずただの油で、タンパク質も核酸も加えていないのだが、ずっと生きものっぽい。これなら最初の長さや形のちがいなどで個性も出てきそうだ。

豊田さんは現在、アメーバっぽい油滴のときと同じように、この動く液晶滴に「餌」を与えて太らせ、分裂させようと試みている。

また、油滴や液晶滴に加えて、ベシクル（実はこれも液晶滴の一種に分類できるのだが）についても同じように生命らしいふるまいをさせようとしている。生物のように自ら脂質はつくれないので〔注21〕、外から供給する形ではあるが、すでに分裂させることには成功している。次の段階では変形させたり、泳がせたり、履歴を持たせたりする実験を行うつもりだ。そのために特別な装置も開発している。いずれは、その中で「進化」も再現したいと豊田さんらは目論んでいる。

## 「細胞もどき」は半生命ではない

〔注21〕豊田さんらによる最新の研究では 原料となる物質をベシクルの外から供給して 生物とは異なる化学反応から脂質をつくらせることには成功している。

豊田さんは四〇億年前に「生命０・５」あるいは半生命がいた可能性については、肯定的だ。そこで、油滴や液晶滴を使った「細胞もどき」が、半生命といえるかどうか聞いてみた。

「そこまでは達していないですね。これぱっかりは、まだまだ。今は、ほどほどのデザインで分裂する仕組みをつくっている研究段階で、外から物質を取りこませて増殖させるという、すごくシンプルな形でやっています」

僕なりに補足すると、生命は必要な物質を他から供給されるのではなく、自らつくりだせなければダメということらしい。ちゃんと代謝をして動きまわり、増殖して、子孫に履歴を残す――「生命０・５」といえども、ベータバージョンとして、そうした能力の片鱗くらいは持っていてほしい、ということのようだ。

となれば、やはり油だけではなく、タンパク質や核酸も必要になってくるのではないだろうか？

豊田さんは「生命起源にも迫れるような、物質がいかに生命らしくなっていくかという進化の過程を考えるときには、いきなり正解のタンパク質ではなくて、もっと小さい分子のうまくやりこなしている姿を追いたい」とも言う。

第二章で触れたが、化学進化説の祖ともいうべきアレクサンドル・オパーリンは、「コアセルベート」というタンパク質の液滴〔注22〕で、豊田さんと似たような実験をし

〔注22〕オパーリンが最初に注目したコアセルベートは、アラビアゴム（一種の多糖類）とゼラチン（タンパク質）の溶液からできる。

ていた。それはそれで成長したり分裂したりもする。

しかし、タンパク質は非常に複雑な高分子だ。多少とも生命（らしきもの）が関わることなく、いきなり地球上に誕生した可能性は低い。

比較的、小さな分子でできた単純な油滴から始まって、それが物理化学的な反応で動いたり、分裂したり、履歴を残したりしているうちに、複雑な液晶滴やベシクルになっていった。そしてペプチドや、核酸の部品であるヌクレオチドなどが現れたとき、それらが「ボディ」となる液晶滴やベシクルなどに取りこまれて、動いたり、分裂したり、履歴を残したりといった機能を、より洗練された形で肩代わりしていったのではないか――豊田さんは、そんなふうに想定しているようだ。

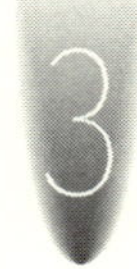

## 光合成と細胞分裂を実現する

### ベシクルなくして生命なし

生命の「起源」が点ではなく線だとすると、豊田さんの研究は、どちらかといえば始点に近い部分から真ん中あたりまでの再現を（今のところは）狙っているようだ。一方で、真ん中から終点のあたりをつくろうとしている印象なのが、クックパッドに人工細胞のレシピを載せようとした車さんである。

したがって車さんの研究は、単純な油滴や液晶滴ではなく、ベシクルからスタートしている。しかも、つくりだそうとしているのは、外からエネルギーとなる食べ物や、脂質などの部品を供給しなくても増えていける細胞だ。つまり最終的には、自らエネルギーを得て、自分の部品を生産し、増殖する人工生命をめざしている。

車さんは、大きなくくりで言うと生化学者だ。一方で、よく自分のことを「膜屋」だと言っている。細胞膜の専門家という意味だろう。

僕がキッチンでの作製に成功したベシクルも、細胞膜と同じリン脂質でできた袋状の膜だ。それをもとに人工細胞をつくっている車さんは、着ているTシャツに「No Vesicle, No Life（ベシクルなくして生命なし）」という標語を印刷している。

これは膜こそが生命の出発点であることを主張する標語だ〔注23〕。核酸のRNAが出発点だとする「RNAワールド」説や、タンパク質が先だとする「プロテイン（タンパク質）ワールド」説などに対して、「リピッド（脂質）ワールド」説の立場をとっているとも言える。

〔注23〕タワーレコード（CDショップ）のキャッチコピー「No Music, No Life」のもじりで、「膜なしの研究人生なんて考えられなかった」という意味も含めているという。

批判してくる研究者には、「No Vesicle, No Life, No Doubt（ベシクルなくして生命なし、間違いなし）」と書いたTシャツをプレゼントするのだという。車さんは「膜」をこよなく愛しているのだ。

### キッチンで起きたことは自然環境でも起きる

さて、素人でもできるキッチンでの人工細胞づくりはすでに紹介したが、ここではプロのお手並みを拝見していくことにしたい。

まずは、ベシクルのつくりかたである。これには二つの方法がある。

一つ目の「フィルム・ハイドレーション」という方法は、原理的にはキッチンでやったことと同じだ。まず、リン脂質やオレイン酸（オリーブオイルの主成分）をクロロホルムのような有機溶剤に溶かしてから乾燥させる。すると、シート状になった脂質が、容器の底に積み重なっていく。ちょうどミルフィーユのようになるらしい。「キッチンで人工細胞」のレシピでは、黄身から抽出した脂質をスライドグラスなどの上に垂らして、乾燥させたときの状態にあたる。

そこに水（キッチンではポカリスエットだった）を垂らすと、シート状だった脂質が膨張しつつ、くるっとまるまって球体になる。これがベシクルだ。脂質の親水基は水分子とくっつこうとし、疎水基は離れようとする、その性質で機械的に丸くなるらしい（図3－8）。

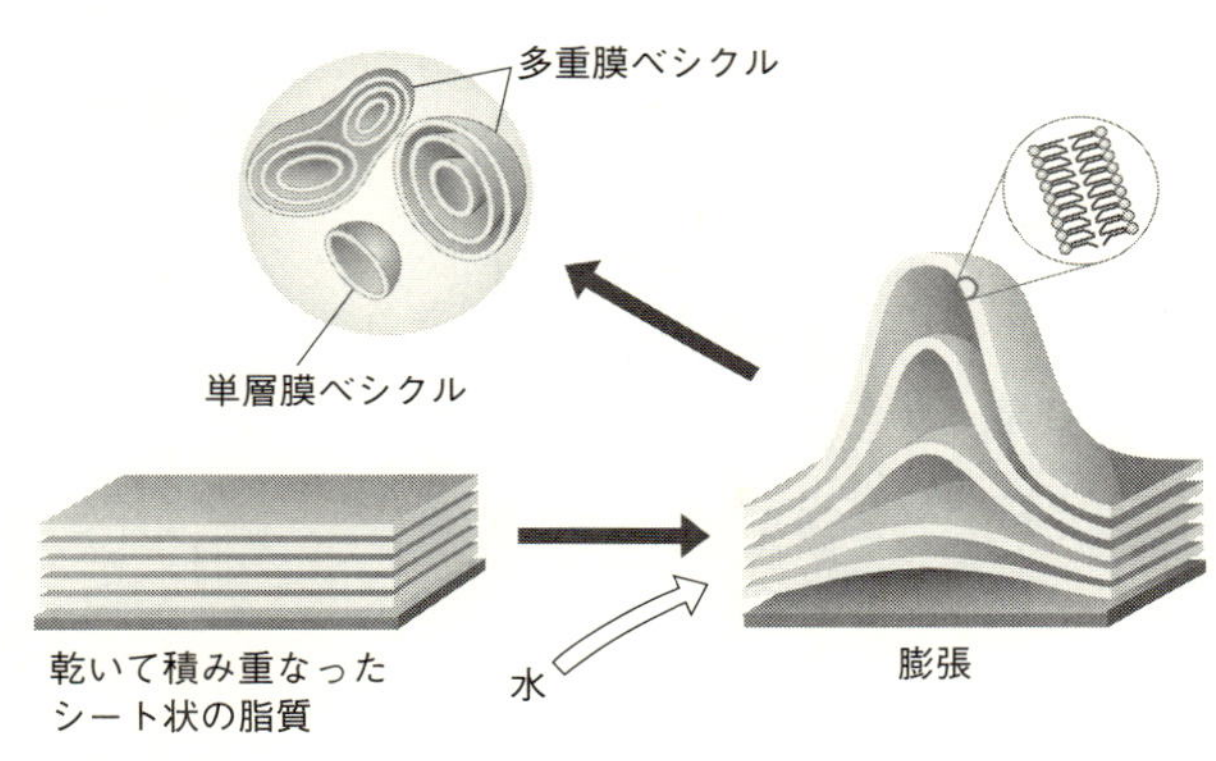


図3－8　層をなしたシート状のリン脂質から、ベシクルができる様子

できた膜の内側と外側には水があるから、リン脂質の分子は「頭」のような親水基を水のあるほうへ向け、「足」のような疎水基を反対側に向けながら、二重に並んでいる。この「二重膜」〔注24〕が入れ子のようになった「多重膜」のベシクルができることもある。キッチンでつくるときのような、あまりコントロールされていない環境だと、そういうベシクルのほうが多いかもしれない。

脂質は乾燥させていたから、ベシクルの中に入っている水は、垂らした水と同じだ。したがって赤い水を取りこませてから周囲を無色の水で薄めれば、赤く染まったベシクルが見えてくる。あるいは水の中にDNAのようなものを混ぜておけば、それも「くるっと」なったときに取りこんでしまう。これは非常に便利な性質だ。

〔注24〕二重ではあるが、この単位で「単層膜」と呼ぶこともある。

ベシクルができる「効率」という問題を抜きにすれば、このような現象はキッチンでも起きるわけだし、人間がまったく関与しない自然環境でも起きうる。

たとえば陸上の温泉地帯や干潟などに、脂質が溶けている水たまりのような窪(くぼ)みがあったとしよう。それが自然に干上がっていく過程で脂質は濃縮され、最終的にはミルフィーユ状となって底に溜まる。

あるとき、また温泉が噴きだしたり、雨が降ったり、潮が満ちてきたりして、窪みに水が溜まっていく。すると、ミルフィーユ状の脂質がベシクルになる。このとき、周囲にたまたま(!)RNAっぽいものが転がっていたら、それを取りこんで「RNA生物」誕生の引き金になったりするかもしれない。

そうそう簡単でもないだろうが、大雑把にはありうるシナリオだ。したがって車さんのような「膜屋」には、生命誕生の場を陸上だと考える人が多い。海中に乾いたり湿ったりする場所を見つけるのは困難だからだ。

**研究室でしか起きないことも深海なら起きた?**

しかし、もう一つの「エマルション沈降法」だと、少し話はちがってくる。これは二〇〇三年に発表された比較的新しい方法で、ややテクニカルだが、質のいいベシクルが効率よくできる。

現在の研究現場では、ほとんどこの方法がとられている。

模式的に説明すると、まず容器に水を張っておく。そこに脂質が溶けた油（溶液）を入れる。水と油だから二種類の液体は分離して層をなし、脂質の溶液が水の上に乗っかる。このときの界面（水と脂質溶液との境界）では、脂質が親水基を水のほうへ向けて、ずらりと並ぶ。つまり親水基が頭だとすると、疎水基の足を上に向けて逆立ちをしている状態だ。

この脂質溶液に、あらためて水をぽちょんと垂らす。すると、球状の水滴が溶液の中に浮かんで、その周囲を脂質がぐるりと取り囲む。親水基の頭を水滴にくっつけて、疎水基の足を外に向けた状態だ。放っておけば、水滴は界面のあたりまで沈んで止まる。そこに遠心力をかけて、ぐいっと下の水の層へ押しこんでやると、どうなるか？

界面で逆立ちをしていた脂質と、水滴を囲んでいた脂質が足をからませて、きれいな二重膜となる（図3－9）。ぽちょんと垂らす水に、あらかじめDNAなどを入れておけば、それを含んだベシクルができる。非常に巧みな方法だ。

しかし「フィルム・ハイドレーション」とちがって、これが自然界で起きることは想定しにくい。あくまでも研究用のテクニックと思っていたほうがいいだろう。だが、もしかしたら深海の熱水噴出域のような場所——生命誕生の場としては最有力候補だ——でなら起きたかもしれない。

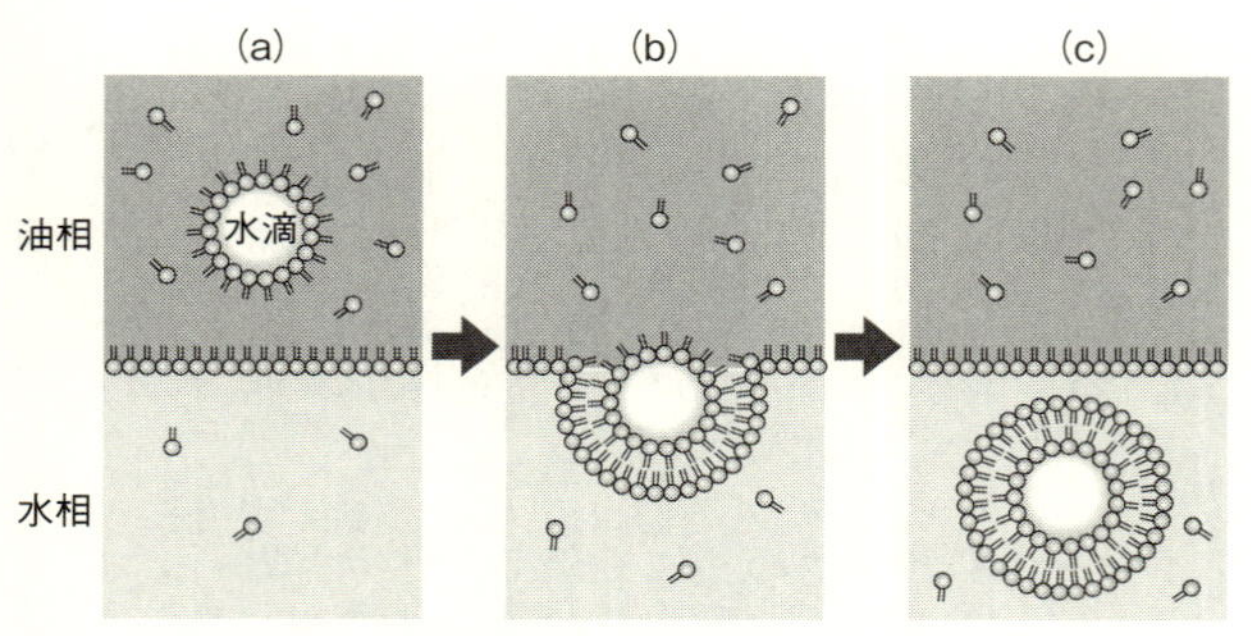


図3-9　エマルション沈降法でベシクルができる様子
(a) 脂質の溶液（油相）に水滴を落としたところ
(b) 脂質に覆われた水滴が沈んで水相との界面に達し、そこから遠心力で押しこまれたところ
(c) 完全に水の中に入って、ベシクルになったところ
（提供／豊田太郎氏）

実際に「エマルション沈降法」でベシクルをつくるときには、「マイクロ流体デバイス」という顕微鏡サイズの流路に水滴をつくって流すこともあるのだ。そういう細い通り道は、熱水を吐きだすチムニーにも存在しうる。その途中に脂質の溜まった場所があって、そこを噴出の勢いを借りた水滴が通り抜ければ、ベシクルになるかもしれない。

あくまでも想像だが、この形なら「乾いたり湿ったり」は必要ない。車さんも、その可能性は否定しなかった。

## 人工的な「セントラル・ドグマ」を組みこむ

素人なら細胞膜という袋をつくっただけで大喜びだが、プロの研究者がそれで満足するわけがない。ＤＮＡを入れるにしても、それだけで

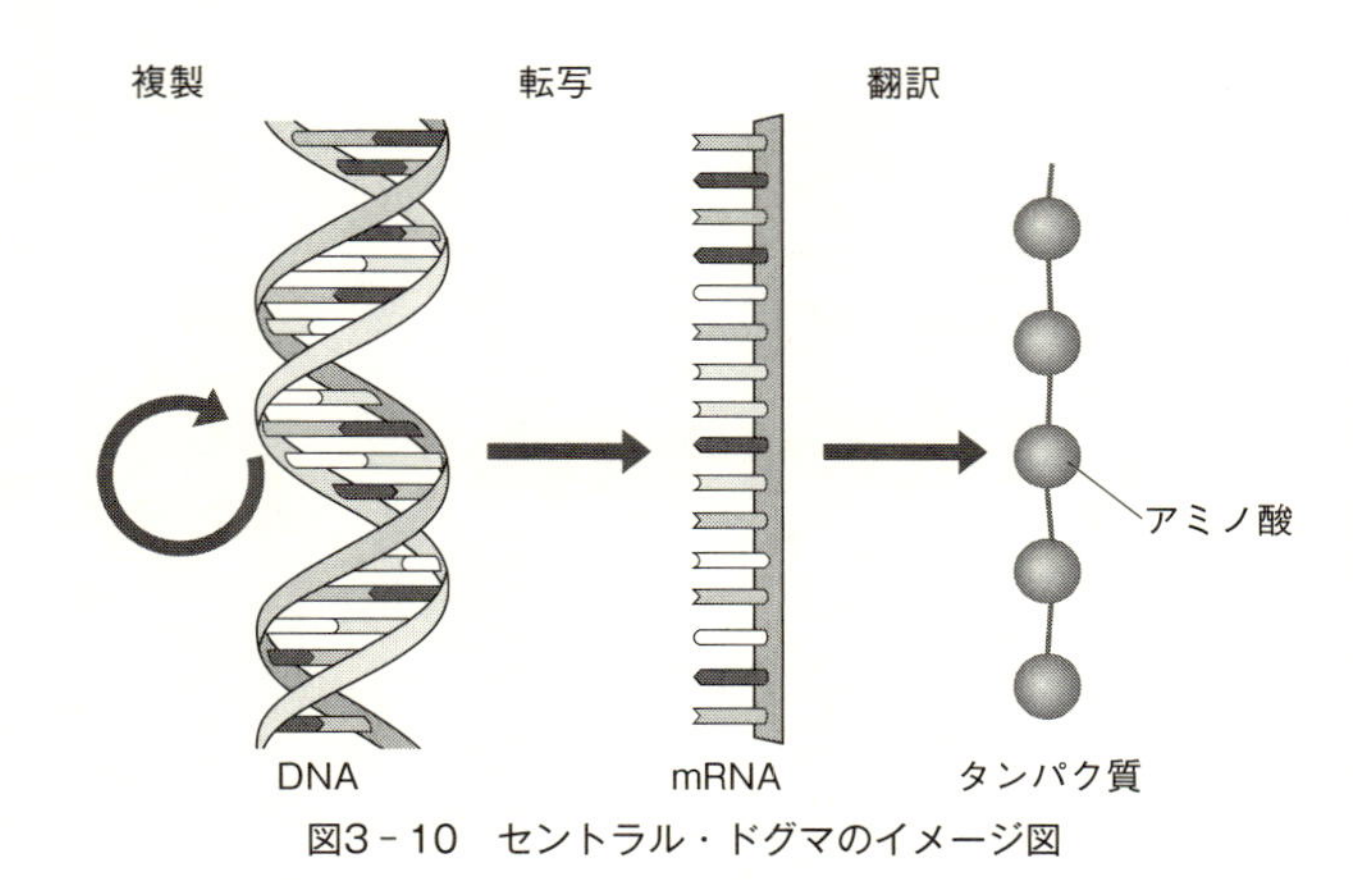


図3－10　セントラル・ドグマのイメージ図

終わらせることは、まずない。

車さんは人工細胞を、限りなく本物に近づけていこうとしている。そこで次のステップでは、部分的に「生命の歯車」を回すことにした。ベシクルの中で、タンパク質をつくらせるのだ。

現在、おそらく地球上のすべての生物が持っている働きに「セントラル・ドグマ（中心原理）」がある。DNAの二重らせんを発見した研究者のひとり、フランシス・クリック（一九一六～二〇〇四）が一九五八年に提唱した概念だが、ずいぶんといかめしい名前だ。

要するに細胞がタンパク質をつくる際、核のDNAに書かれている遺伝情報をmRNA（伝令RNA）に写し取り（転写）、そのmRNAの情報をできあがったタンパク質に反映させる（翻訳）という仕組みのことだ（図3－10）。また、細胞が分裂するときには、DNAの複製も行われる。

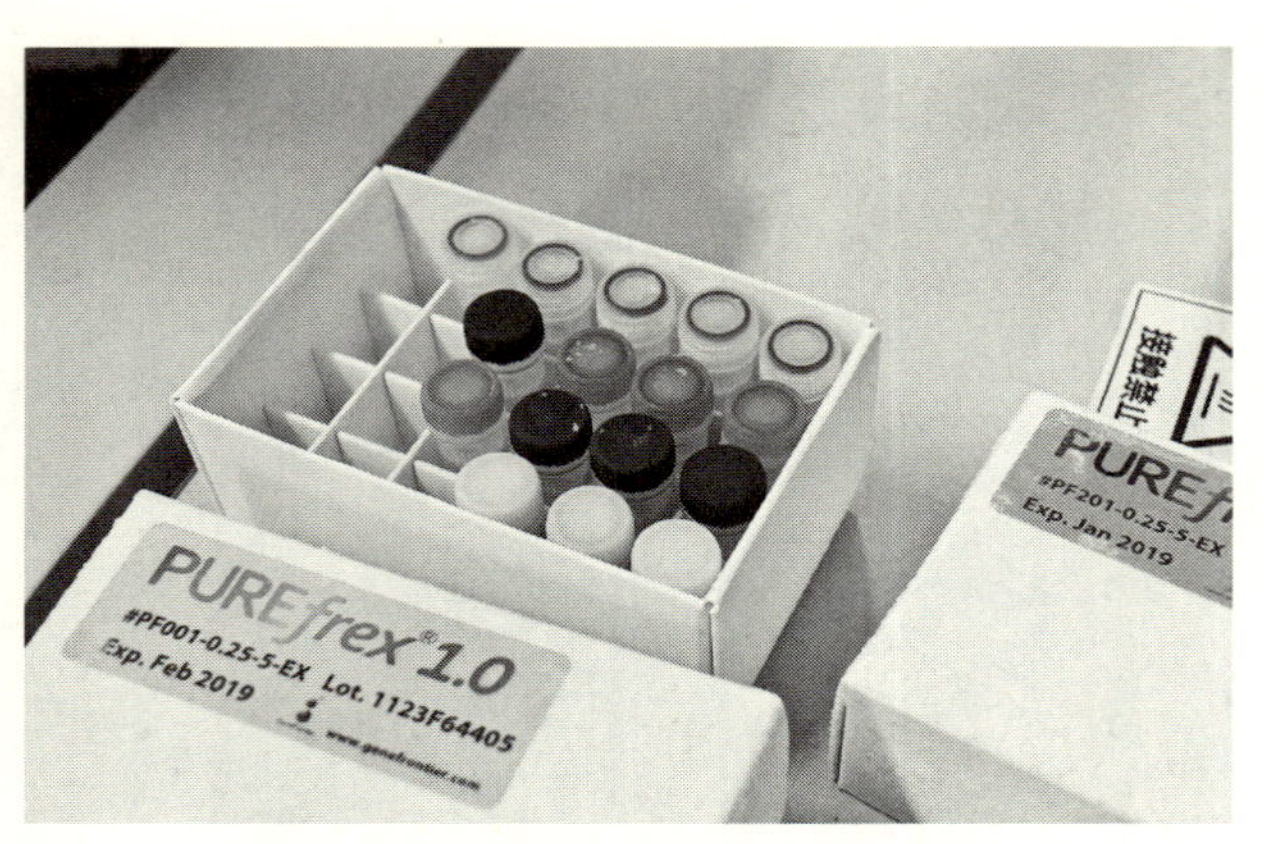


図3－11　製品として販売されているPUREシステム

車さんが以前に所属していた東京大学の研究室では、このセントラル・ドグマを細胞の中ではなく、試験管の中で実現する方法を開発した。「ＰＵＲＥシステム（無細胞タンパク質合成系）」と名づけられたその方法は、研究者向けにキット化され、「PURE*frex*®」という商品名で販売されている（図3－11）。

その箱を開けると、三種類の溶液が入っている。溶液Ｉには材料となるアミノ酸と翻訳に必要なｔＲＮＡ（転移ＲＮＡ）およびエネルギー源となるＡＴＰ、溶液Ⅱには転写に必要なＲＮＡポリメラーゼという酵素と翻訳を行う数十種類の酵素、溶液Ⅲにはタンパク質をつくるリボソームが入っている。ｔＲＮＡやリボソームは大腸菌から抽出したもの、酵素は大腸菌から精製したものが使われている。

これらを混ぜあわせて、目的とするタンパク質の

ＤＮＡを加えれば、ＰＵＲＥシステムが稼働するという仕組みだ。三七℃で数時間、反応させるとタンパク質ができてくる。

車さんは、この人工的なセントラル・ドグマを、人工的な細胞膜であるベシクルの中に入れてみた。つまり「エマルション沈降法」で、ぽちょんと垂らす水の代わりに、ＤＮＡとＰＵＲＥシステムの混合液を落としたのである。

すると、生きた細胞と同じように、ベシクルの中でタンパク質ができることを確認した。単なるハリボテではない「働く」人工細胞の誕生だ。

しかし、この段階の人工細胞には「口」がない。ベシクルは閉じた袋だから、そのままでは物を食べられない。つまり、外から栄養を取りこめない。どんな工場でも原料や機械を動かす電気などは必要だが、タンパク質をつくる「工場」だって同じである。

ＰＵＲＥシステムには、あらかじめアミノ酸という原料と、ＡＴＰという生命共通のエネルギー源を加えてあるが、それを使い果たしてしまえば反応は止まってしまう。せいぜい数時間程度の命だ。

であれば、とりあえずベシクルに穴を開けるしかない。しかし針などで刺しても、すぐに塞がってしまうだろう。ここで考えられるのは、「膜タンパク質」を使うことだ。

膜タンパク質とは、あらゆる生物の細胞膜や細胞小器官の膜などにくっついて働くタンパク質の総称で、イオンや栄養など生命維持に必要な物質を運搬したり、化学物質や光、熱、音などを感じるセンサーの役目を果たしたりする。

たとえば「α（アルファ）ヘモリシン」という、黄色ブドウ球菌が分泌するタンパク質がある。これが体内に入ると、赤血球の細胞膜が穴だらけになって壊れてしまうという恐ろしい毒だ。しかし、うまく使えばベシクルに「口」をつくることができる。

実際にヴィンセント・ノワロー（ミネソタ大学教授）というアメリカの合成生物学者らが、PUREシステムに似た無細胞タンパク質合成系をもつ人工細胞のベシクルに、このαヘモリシンを膜タンパク質としてくっつけてみた。そして外からアミノ酸やATPを食べさせてやると、無細胞タンパク質合成系は数日間、稼働した。数時間程度だった命が、一〇倍以上に延びたのである（図3－12）。

だが数日経てば、止まってしまうことに変わりはない。αヘモリシンは単なる穴ないしは通路の役目を果たすだけで、選択的に物をやりとりすることはできないからだ。つまり、本物の口や肛門ではない。ただ穴の大きさと、ベシクル内外の濃度差によって、入ってこられるものは勝手に入ってくるし、出ていけるものは勝手に出ていく。

アミノ酸やATPだけが入ってきて、老廃物だけが出ていけばいいのだが、そうはなっていな

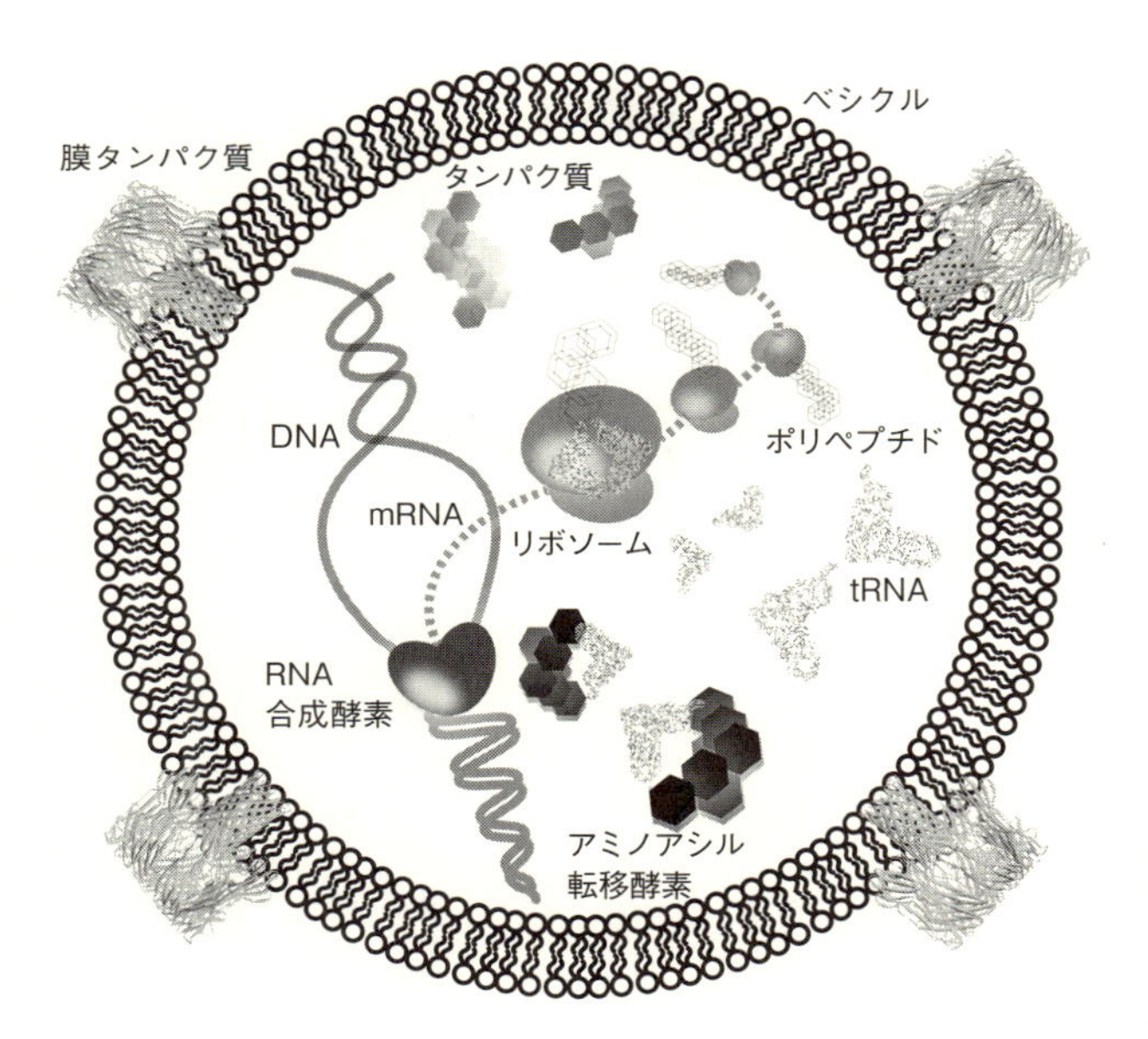


図3－12　ベシクルの中でタンパク質をつくらせる（概念図）
ノワローらの実験では、膜タンパク質が「口」となって、外からATPを取りこんだ（提供／車兪澈氏）

い。もしかしたら捨て去るべき老廃物を、また取りこんだりしているかもしれない。するとベシクルの中が、だんだん「汚れて」いって、反応が落ちていくことも考えられる。このあたりは今後の課題なのだろう。

**光合成をして自分の体もつくる人工細胞を実現**

さて、現在の生物は、ＡＴＰを直接、食べているわけではない。自分の細胞の中で生産して、消費している。その、もととなるエネルギーは太陽光から得たり、あるいは酸化還元という化学反応から得ている。簡単に言えば、そのエネルギーをＡＴＰという物質に変換しているのだ。

人工細胞にも同じ能力を与えれば、より生きものらしくなるし、自分で生産できるならＡＴＰという餌を与え続けなくても稼働させられる。

生物の中でＡＴＰをつくる方法はいくつかあるが、代表的なのはズバリ「ＡＴＰ合成酵素」だ。実はこれも、膜タンパク質の一種である。我々の細胞で言うと、ミトコンドリアのうねうねした「内膜」の中にたくさんある。

かなり複雑な形のタンパク質なのだが、うんと単純化すればキノコっぽい。柄の部分が水車のように回転し、傘の部分が杵をつくように動いてＡＴＰをつくりだす。いわばミクロの水車小屋だ（図３－13）。

その「水車」を回すのは川ではなく、水素イオンの流れである。川の流れは地形の高低差から生まれるが、水素イオンの流れは濃度差によって生じる。その濃度差を生みだすのは、動物なら酸素によって有機物を分解する「呼吸」だし、植物なら太陽光によって二酸化炭素から有機物をつくる「光合成」ということになる。

生命誕生時の原始地球環境を考えると酸素はなかったので、動物がするような呼吸があったとは考えにくい。しかし太陽は輝いていたし、水と二酸化炭素は存在した。そこで車さんは人工細

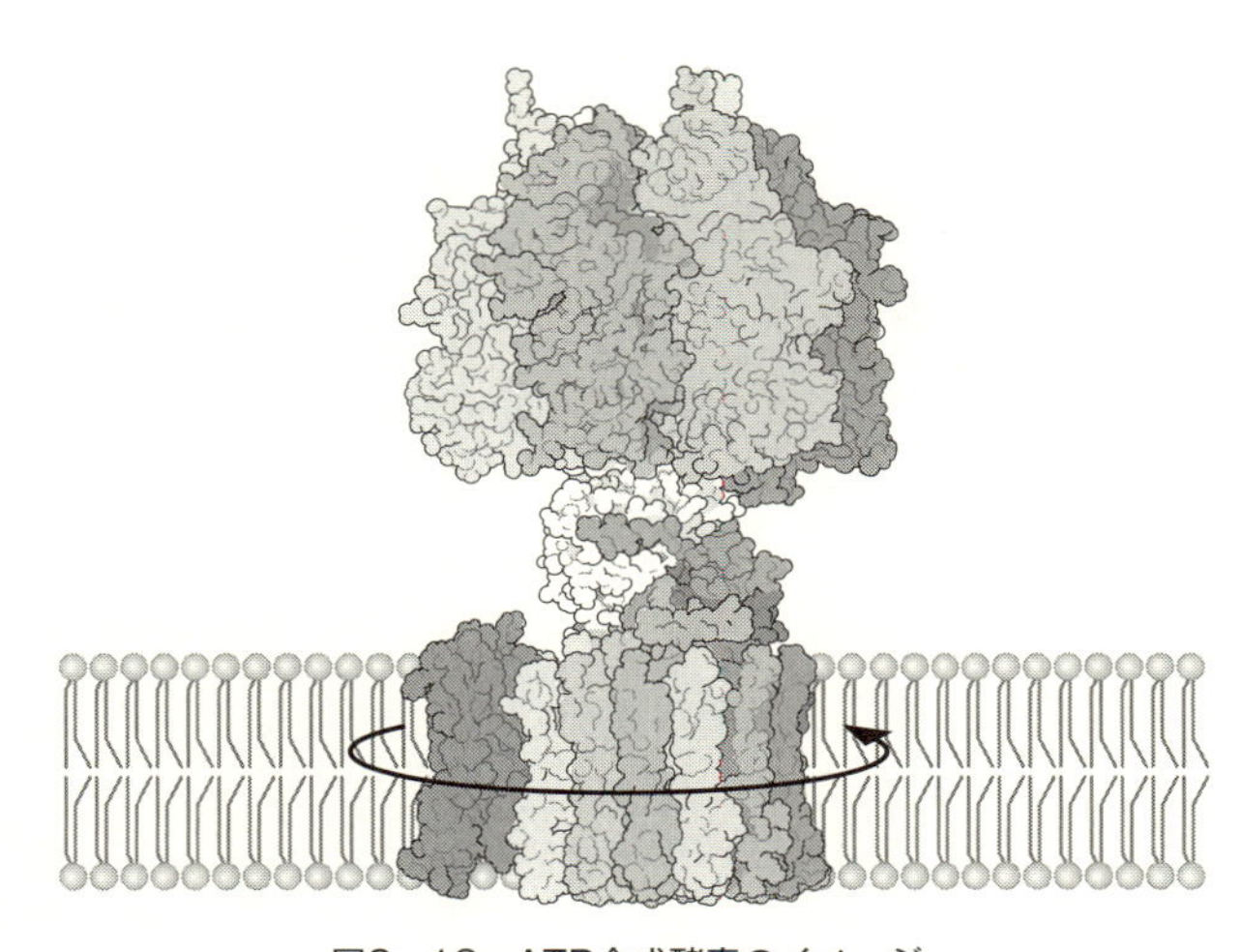

図3－13　ATP合成酵素のイメージ
キノコに似た形をしており、リン脂質の膜に埋まっている柄の部分が水素イオンの流れによって回転する

胞に、光合成をさせてみようと考えた。植物細胞などにある葉緑体のような器官を与えて、光エネルギーを化学エネルギーに変換できるようにするのだ。

光合成にも多数のタンパク質が関わっており、ATP合成酵素よりも仕組みはさらに複雑だ。これが第二章で触れた、全生物の最後の共通祖先（LUCAあるいはコモノート）より前の、たとえば「生命0・9」の段階から備わっていたとは思えない。しかし、それにとって代わるようなタンパク質なら存在しうる。

候補の一つは、我々の網膜にもある「ロドプシン」だ。このタンパク質に光が当たると、一連の化学反応を経て視神経が刺激され、電気信号が脳に伝わる。
「高度好塩菌」と呼ばれる古細菌の仲間は、このロドプシンとよく似た「バクテリオロドプシン（以下、「バクロド」と略す）」を持っており、光エネルギーから水素イオンの濃度差をつくりだしている。実はこのバクロドも膜タンパク質なので、ベシクルにくっつけることが可能だ。構造もタンパク質一種類だから簡単である。

ＡＴＰ合成酵素とバクロドを同じ膜の上にくっつけて光を当てれば、膜の外側と内側に水素イオンの流れが生じて、ミクロの水車小屋が動きだす。最初にＡＴＰのもととなる物質は与えておかなければならないが、あとはそれを再利用できる。

たとえば人工細胞内でタンパク質をつくるのにＡＴＰが使われると、それはＡＤＰという物質に変わる。このＡＤＰは使い切った電池のようなものだ。ＡＴＰ合成酵素は、このＡＤＰにエネルギー（リン酸）をチャージしてＡＴＰに戻してくれる。つまり水車小屋は充電器のようなものだともいえる。

そこでチャージするエネルギーは、バクロドが光エネルギーでつくりだした水素イオンの流れだ。すなわちＡＴＰ→タンパク質合成→ＡＤＰ→ＡＴＰ合成酵素（光→バクロド→水素イオン濃度差）→ＡＴＰ→タンパク質合成→……というサイクルが回りだすのである（図３-14）。

これは「ボトルアクアリウム」とか「バランスドアクアリウム」と呼ばれる水槽の超ミニチュ

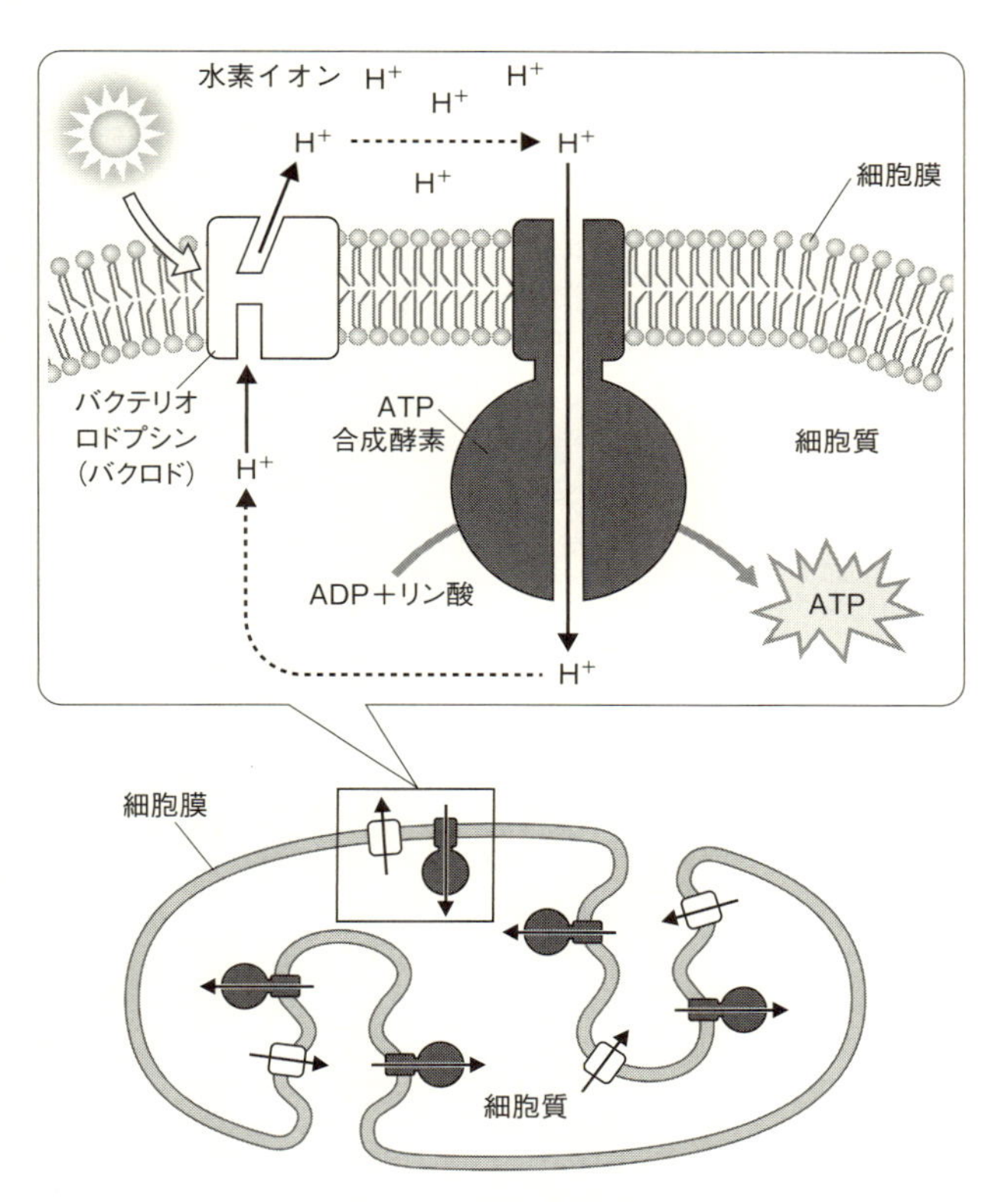


図3－14　細菌における光合成の例

細胞膜にバクロドとATP合成酵素を備えている。太陽光を浴びると、バクロドが水素イオンを細胞内から外に汲みだし、その水素イオンが再び細胞内に流れこむときのエネルギーで、ADPからATPが合成される。細菌は細胞膜の外側に細胞壁を持っているが、この図では省略した。

ア版といえるかもしれない。水槽にメダカやエビと水草を入れて完全に密封してしまっても、中でうまく生態系が回っていれば、光を当てておくだけで飼い続けることができる。餌をやったり、水を替えたりしてやる必要はない。

実は、こういう仕組みというか仕掛けは、一九八〇年代以前から提案されていた。しかし理論だけで、実際に人工細胞で応用された例はない。技術的に難しかったこともあるだろう。車さんと東京大学大学院新領域創成科学研究科、上田卓也（うえだたくや）研究室のサミュエル・B・レンマさん（エチオピア出身）らは、それを一歩前へ進めた。

まず大きなベシクルの中に、やはり脂質二重膜でできた小胞を、いくつか入れる。その小胞の膜に、大腸菌につくらせた好熱菌由来のATP合成酵素と、高度好塩菌からとってきたバクロドをくっつけて「人工葉緑体」とでも呼べるもの〔注25〕にした（図3－15）。大きなベシクルの膜には穴（口）がないので、これはミクロの閉じた世界だ。外からATPを供給することは、できない。

このベシクルには、緑色蛍光タンパク質（GFP）をつくるPUREシステムも入れてあるのだが、ATPだけは抜いておいた。代わりに入っているのは「切れた電池」ADPである。しかしベシクルに光を当てると、見事にこのADPがATP

〔注25〕植物細胞がもつ葉緑体は光合成でエネルギーを生みだせるほか、デンプンなどさまざまな物質をつくりだせるので、ずっと高機能である。

に変換され、それをエネルギー源としてＧＦＰがつくられた。車さんらは、このベシクルを「人工光合成（ａＰＳ）細胞」と名づけている（図３‐16）。

これは実験室の中だけで起きたことではない。車さんたちは研究所の屋上にａＰＳ細胞を持ちだして、日光に当てた。その結果、ＧＦＰはちゃんとつくられた。つまりａＰＳ細胞を自然界に放っても、勝手に光り続けるということだ。干からびたり壊れたり、何かの餌になったりしないかぎりは——。

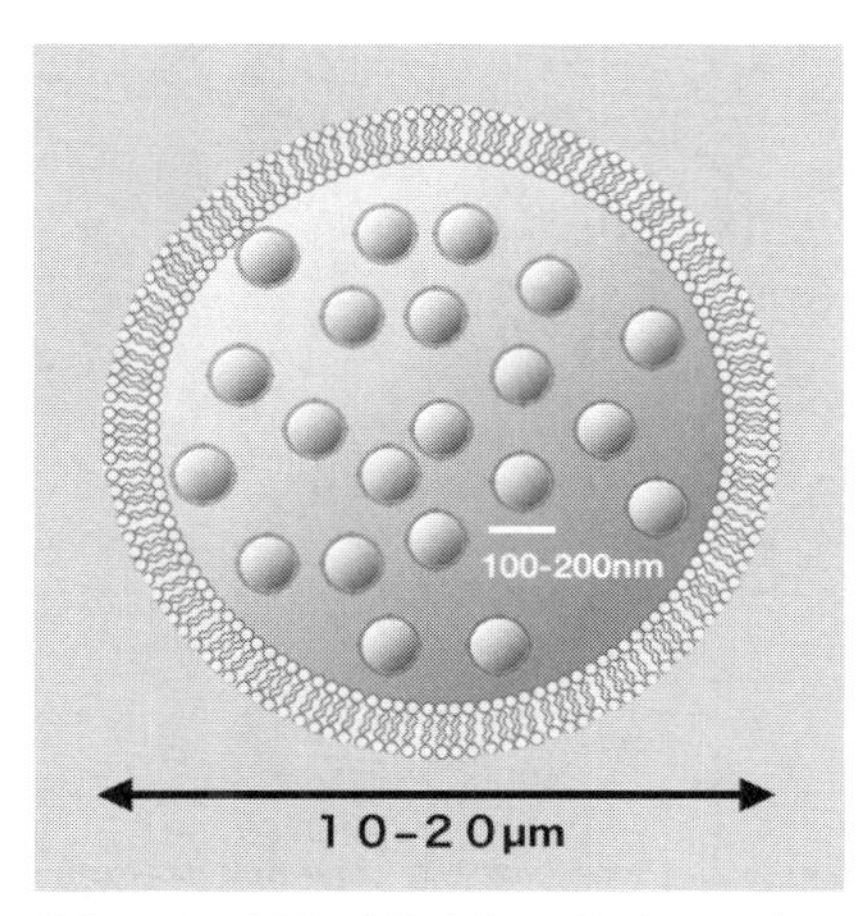


図3－15 内部に小胞をもつベシクルのイメージ
車さんらは、これらの小胞の脂質二重膜にバクロドとATP合成酵素を組みこんで「人工葉緑体」にした。（提供／車兪澈氏）

車さんたちは、これで満足しなかった。それ自体がタンパク質であるバクロドやＡＴＰ合成酵素も、ＰＵＲＥシステムを使ってａＰＳ細胞の中でつくらせようとしたのだ。成功すれば、自分でエネルギーを生みだせるどころか、自分の体も維持できる人工細胞が実現する。つまり、生物の条件として必須だとみられている「代謝」機能

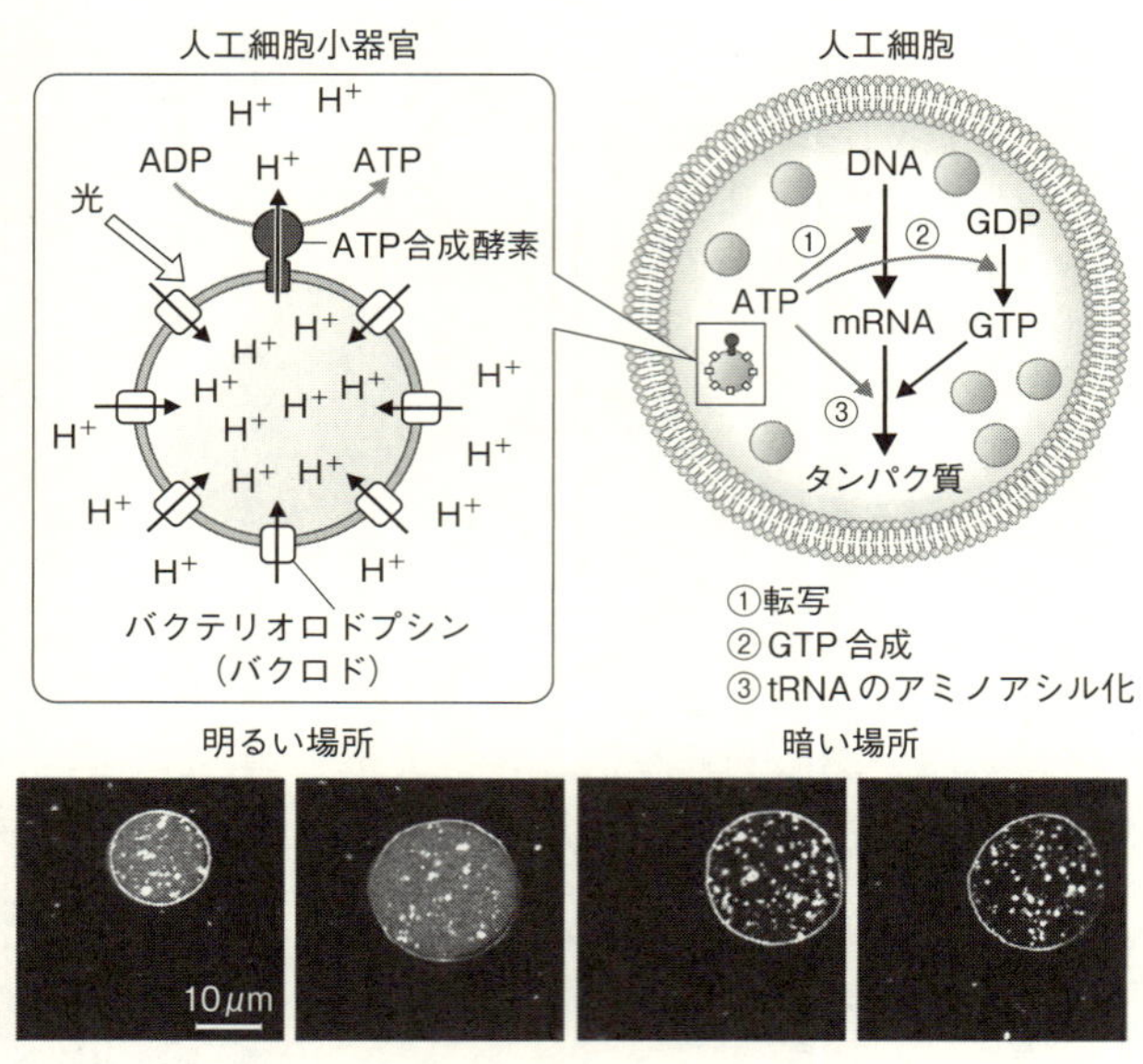


**図3－16　aPS細胞の仕組みを表した模式図**（上）**とaPS細胞によって実際にGFPがつくられていることを示す写真**（下）

（上）人工葉緑体でADPからつくられたATPは、①DNAからmRNAへの転写と、②グアノシン三リン酸（GTP）の合成、および③アミノアシル化（翻訳の過程でtRNAにアミノ酸をくっつけること）に使われる。合成されたGTPも、最終的には翻訳のエネルギー源に使われる。これによってDNAにコードされていたタンパク質（この場合はGFP）がつくられる

（下）左側の２枚は明るい場所、右側の２枚は暗い場所に置かれていたaPS細胞。脂質二重膜の部分が明るく見えている。左側のaPS細胞内がグレーに見えているのは、光合成によってつくられたGFPが緑色に光っているため。100個の細胞のうち50～60個がこのように光った。暗い場所では光合成が行われず、GFPはつくられなかった。

（提供／車兪澈氏）

が、人工葉緑体の部分については完成するのだ。

結果はどうだったか――まずバクロドを自分でつくらせることと、それを人工葉緑体にくっつけることには成功した。すると人工葉緑体のＡＴＰ合成効率は、バクロドが増える前の一・五倍に上昇した。つまり細胞内で新たにつくられたバクロドは、細菌からとってきたものと同様に機能したのである。

そして人工葉緑体を自らアップグレードしたａＰＳ細胞は、ある意味で「成長した」と言えそうだ。

一方でＡＴＰ合成酵素をつくらせるほうは、まだ完全には成功していない〔注26〕。この酵素を構成する八種類のタンパク質をすべて生みだすには、ＰＵＲＥシステムの能力が足りなかったのである。しかし、これは今後の改良次第だ。実現は時間の問題だろう。

〔注26〕ＡＴＰ合成酵素の一部をつくらせることには成功しており、それによって人工葉緑体のＡＴＰ合成効率は1.4倍になった。

## 光合成能力の獲得で「プレＬＵＣＡ」が誕生した？

さて、ａＰＳ細胞は、生命の起源を考えたときに、どのような意味をもつのだろうか。

実は、とある研究会で車さんがこの細胞について報告したとき、一人の大物研究者から「あなたは単に、そういう細胞をつくってみたいだけなんじゃないか。本当に生命の起源について考えながらやっているのか」とツッコまれたことがある。

その場では笑ってごまかしたが、インタビュー時にあらためて聞いてみたところ、次のように率直な答えが返ってきた。

「正直に言うと、ただつくりたいだけです。これとこれがあったら、たぶんこれができるのではないかと思った瞬間に、やらないわけにはいかなくなる。学術的な意味とか応用利用は、あとから考えることも多々あります。

ですが、これからの構成的な生命起源の研究には、そっちが必要と思ってやっている。まずつくって、実証して、こうであるという新しいモデルを立てて、それをよりソリッドな学問にしていくというのが、これからのスタイルだと思います」

それはそれとして、車さんが考えた生命誕生のストーリーは次の通りだ。

ＬＵＣＡが登場する少し前の時代、陸上の温泉地帯や干潟には、内部でタンパク質をつくりだせる脂質膜小胞（ベシクル）が生まれていた。つまり生命０・８くらいのやつだ。人によってはそれを「プロトセル（前細胞）」と呼んだりする。

そのプロトセルは初め、環境中にあるＡＴＰを取りこんでエネルギー源にしていた。したがって、ＡＴＰを得られる一定の場所から、離れることができなかった。

やがて、地上ならどこでも得られる太陽光のエネルギーを利用して、ＡＴＰを合成できるタンパク質を手に入れた。このため自由に動きまわれるようになったプロトセルは、さまざまな環境へと広がっていくうちに、核酸も自らつくれるようになった。

ここまで来ると生命0・9くらいで、LUCAまではあと一歩である。車さんは、このようなプロトセルを「プレLUCA」と呼んでいる。

まだ「あらすじ」の段階で、いろいろと埋めなければならない穴はあるだろうが、個人的に引っかかったのは原始地球に最初からATPがあったのか、という問題である。

実は第二章にご登場いただいた山岸さんから、ATPを生物抜きでつくるのは非常に困難だと聞いていたからだ。環境中に酵素のような触媒と適当な反応場があれば勝手にできるという研究者もいるようだが、実験的に成功したという報告はない。

ただ、絶対にできないと証明されたわけではないし、ATPにこだわらなければ、似たようなものでエネルギー源にできる物質は考えられる。「持ち」は悪いが無生物的にできやすい「マンガン電池」的な物質を、プロトセルは使っていたのかもしれない。しかしプレLUCAは、ATPという「アルカリ電池」を手に入れたのだ。

そういった点は今後も議論されていくことだろう。

## 最後の壁、自己複製の実現

膜があり、DNAからタンパク質をつくり、光合成もする人工細胞——それだけでも実現したのはすごいと思うが、「人工生命」と呼ぶためにはあと一つ、大きなハードルが残されている。それは分裂し、増殖することだ。

すでに書いたことのくり返しだが、科学的に「とりあえず」生命を定義しようとなった場合、「自他を区別する境界があり、代謝と自己複製をする」という特徴を使うことが多い。

車さんは膜屋なので「境界」が大事なのはもちろんだが、「『ここからが生命』という定義は『複製する』という一点だけでいいのではないか」とも言っている。ちゃんと継続的に複製するためには情報を担う核酸が必要で、その核酸を増やして二つに分ける機械がタンパク質だ。すべては複製のためにある。

車さんの人工細胞には「境界」としてのベシクルがあるし、ATPやタンパク質をつくるという「代謝」システムも備わっている。あとは自己複製さえすれば三拍子が揃う。

複製のためにまず何が必要かというと、当たり前だが「境界」と「代謝」システムが二倍に増えなければならない。

境界である膜のことは後回しにして、先に代謝システムについて考えると、車さんの人工細胞の場合、PUREシステム自体が自己増殖すればいい。これは原理的には簡単である。タンパク質をつくるこのシステム自体も、ほとんどタンパク質でできているわけだから、増えるのに必要なタンパク質を自分でつくらせればいいのだ。実際にこれは可能である。

ただ難しいのはリボソームという「工場」の構築だ。DNAからmRNAが写し取った情報をもとに、tRNAが運んできたアミノ酸をつなげて、タンパク質をつくっていく細胞小器官である。PUREシステムには、もともと大腸菌から取りだしたリボソームが入っている。しかし増殖するときには、それと同じものを大腸菌とは無関係につくらせなければならない。

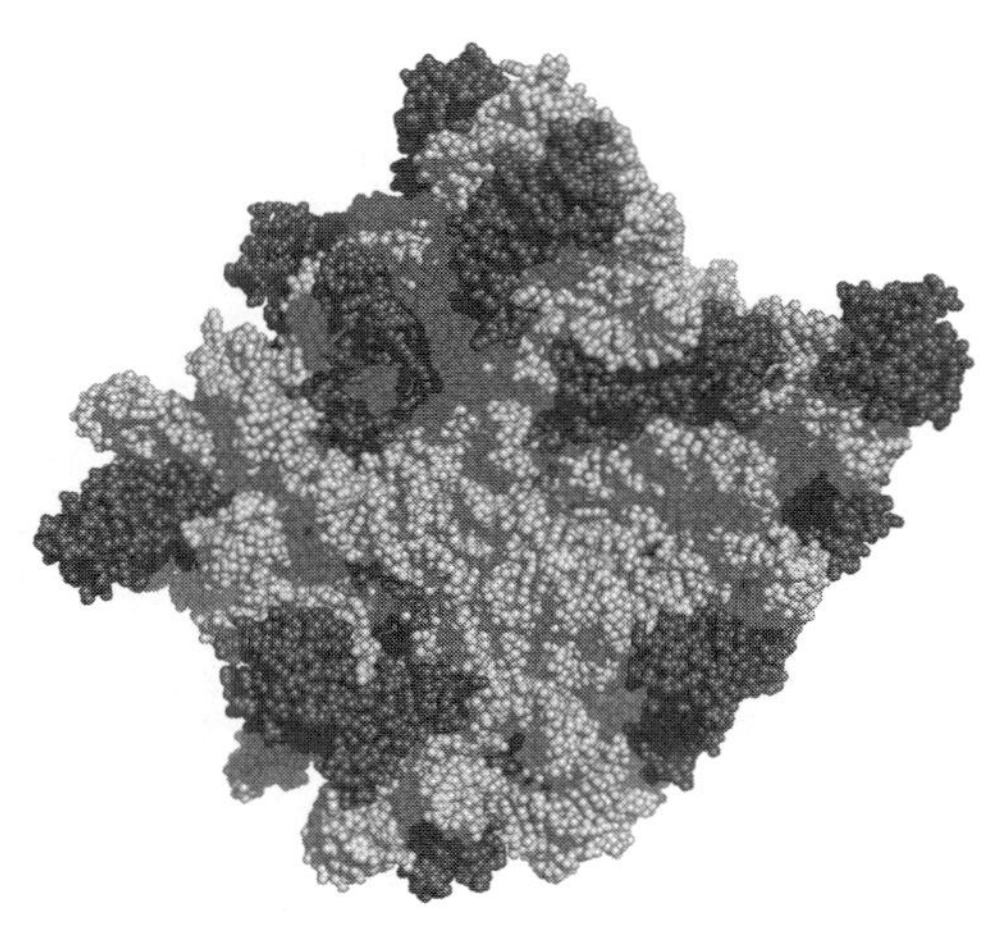

図3－17　古細菌*Haloarcula marismortui*（原核生物）のリボソームの一部
タンパク質は黒っぽい粒、RNAは灰色の粒で示されている。両者が複雑に組み合わさっていることがわかる

リボソームは五〇種類ほどのタンパク質と、三種類ほどのRNAからなる複雑な構造物だ〔注27〕（図3－17）。それらのタンパク質やRNAを、PUREシステムなどで個別につくりだすことはできる。しかし材料を揃えても、なかなかリボソームという構造物に組み上がって

〔注27〕これは大腸菌のような原核生物の場合で、真核生物ではタンパク質、RNAともに、もっと多い。

はくれない。何か仲立ちというか、手助けをしてくれる大工さん役の酵素やタンパク質が必要なのだ。

ＰＵＲＥシステムを開発した東大の研究室では、そうした「生合成因子」と呼ばれる酵素やタンパク質をいくつか加えて、リボソームの少なくとも一部を試験管内でつくることに成功している。ＤＮＡやｔＲＮＡを増やす機能も別途、組みこまなければならないが、ベシクルの中でセントラル・ドグマ自体が増殖する日は近そうだ。

## 膜さえ増えれば分裂する

一方で、膜の複製は、さらにハードルが高い。だが方向性は決まっている。膜を増やすためには、その材料であるリン脂質をベシクルの中でつくらせなければならない。それにはタンパク質をつくらせるときと同様、必要な原料と酵素などを集めて反応させる必要がある。つまり、ＰＵＲＥシステムの「脂質版」を組みこむわけだ。

とりあえず車さんは、試験管の中に脂質版ＰＵＲＥシステムの材料を集めて、人肌に温めてみた。すると、確かに脂質はできるのだが、まだ量は少ない。

仮に一〇〇個の脂質を使っているベシクルから同じ大きさのベシクルを分裂させるには、単純計算で一〇〇個の脂質をつくらせる必要がある。しかし、今のシステムの能力では、まったく足りないのだ。そのため車さんは使う酵素の量を調節したり、反応条件を変えたりして、試行錯誤をくり返している。

いずれ脂質版PUREシステムの効率は上がって、一〇〇個の脂質をつくりだせるようになるだろう。しかし、それで本当にベシクルは分裂するだろうか。二〇〇個の脂質で二倍の大きさに膨れるだけだったり、あるいは、入れ子状の多重膜ベシクルになってしまったりすることはないのか。

「そういう可能性もありますが、実際のところはまだわかりません。誰も試していないから」と車さんは言う。

ただ、外から一〇〇個の脂質を注入してみてどうなるかは、多くの研究者によって試されている。それによると、生きた細胞のように真ん中からパカッと二つに分かれたりはしないが、二倍に膨れ上がることもなく分裂はするようだ。

その様子を見ていると、膜の表面積が増えるにつれて、何やらヒゲのようなものが生えてくる。それはどうやら母ベシクルから飛びだしたチューブ状の膜で、長くなると、粒状の小さな娘ベシクルになる。しかし完全には分離せずに、母ベシクルとへその緒のようなものでつながっているらしい。それはそれで面白い現象だ。

注入した脂質が全部、膜へ行くとしたら、ベシクル内部の体積は変わらない一方、膜の表面積

細胞壁のある細菌

細胞壁

タンパク質の輪

タンパク質の輪よって分裂する

細胞壁のない「L型菌」

細胞膜

細胞膜が「余る」ことで分裂する

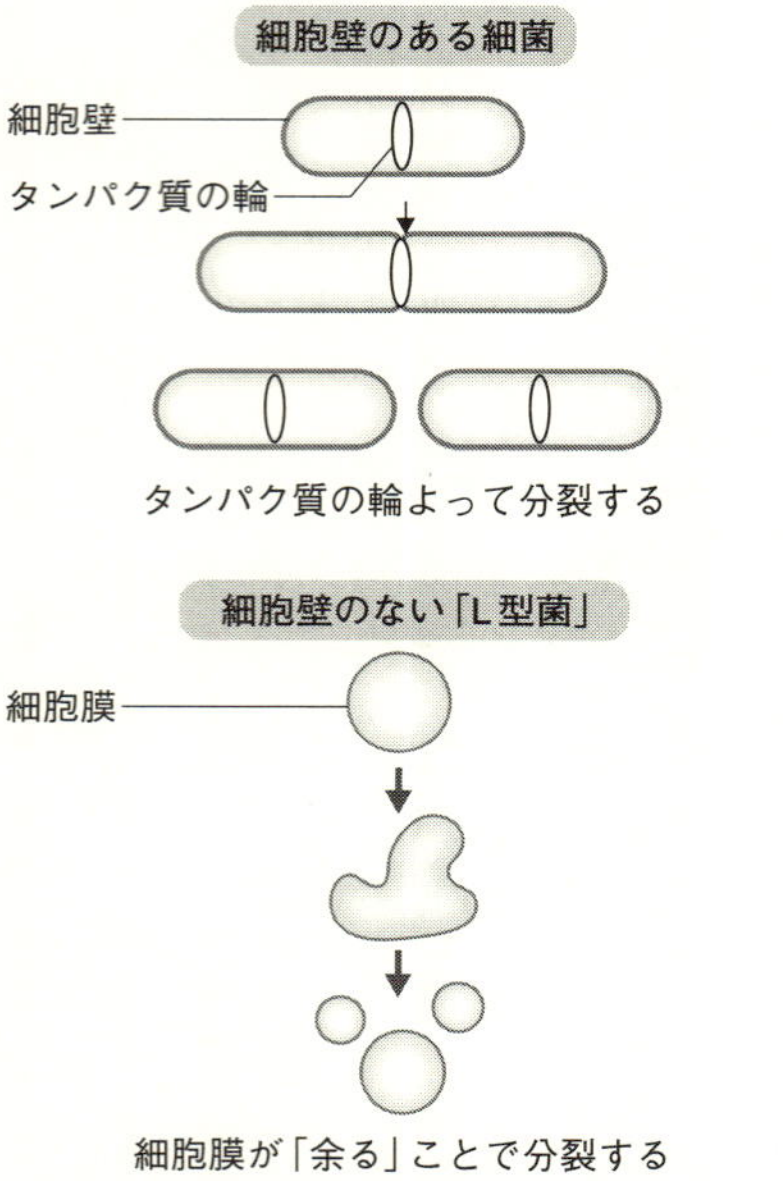

図3－18　細胞壁のある細菌の分裂（上）と、細胞壁のない「L型菌」の分裂（下）の模式図
（http://www.cell.com/abstract/S0092-8674(13)00135-9を改変）

だけは増える。すると相対的には空気の抜けた風船（表面積は変わらないが体積が減る）と同じ状態になり、ぶよぶよと形が不安定になって、最終的には一部がちぎれてしまうらしい。

実は似たような現象が、本物の細胞でも見られる。

通常の細菌は細胞膜の外側に丈夫な細胞壁があって、分裂するときに重要な役割を担っている。しかし、こうした細菌の中に、どういうわけか細胞壁がない状態でも分裂する変異体が存在する。これは「L型菌」と呼ばれており、大腸菌や枯草菌といったポピュラーな菌にも見られる。

このL型菌が分裂する様子は脂質を供給したベシクルにそっくりで、非常に不規則なのだ。や

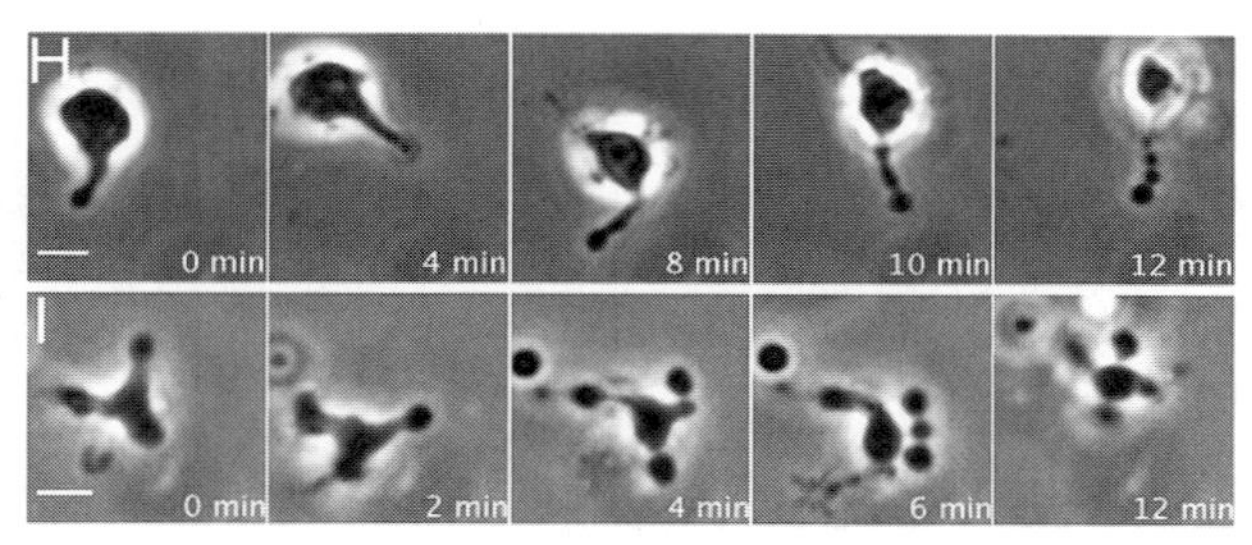


図3－19　L型菌が分裂する様子
脂質を注入されたベシクルが分裂する様子によく似ている
（http://www.cell.com/cell/pdf/S0092-8674(13)00135-9.pdfより）

っぱり細胞膜からヒゲのような管が生えてきて、それがさまざまな大きさの娘細胞に分かれたり、突起が出たり入ったりしながら、ポコンポコンと娘細胞を放出したりする（図3－18、図3－19）。L型菌は一種の先祖返りであり、細胞壁を獲得する前の原始的な細胞の姿を示していると、多くの研究者は考えている。

というわけで、車さんがつくりだす分裂する人工細胞も、おそらく最初はL型菌と似たようなものになるだろう。しかも、それは原始的な光合成を行い、自らのセントラル・ドグマも複製できるのだ。

## 「危ないな」と思ったら、それが生命

人工細胞が自己複製したら、車さんにとってそれはもう「生命」である。「いつごろ実現しそうですか」と聞いたところ、にやりとして「五年以内には……と、五年前から言っています」と答えた。

五年後もそう言っているかもしれないが、いずれにしても、それくらいのタイムスケールらしい。実際、素人が話を聞いたかぎりでは、来年にもできてしまいそうな気がする。

ただ、人工生命をつくることに関しては、一つ避けられそうにない批判がありうる。倫理的な問題だ。

今も一般向けの講演などをすると「『人工細胞いいじゃん、やりなよ』という人もいれば『倫理的にはどうなんですか』と聞いてくる人も必ずいる」らしい。だから車さんのホームページには次のような断り書きがある（本稿執筆時点）。

---

受精卵細胞や胚を用いた研究は、生命倫理に配慮し十分に気をつけて研究を進めなければなりません。

私たちの人工細胞研究も目指すところは生物の再構築であるため、倫理面に気をつけて研究を行うことには変わりがありませんが、現時点では非生物である分子を対象として研究しているため、法令やガイドラインに抵触するものではありません。

---

だが人工細胞が自己複製を始めたら、この文章は書き換えなければならないはずだ。今は実験を終えたらジャーッと流してしまえる人工細胞も、廃棄の方法を考える必要が出てくるかもしれ

ない。

一方で車さんは、そこが生命の定義につながってもいいかなと考えている。

「いつか誰かが人工細胞を見て『危ないなこれ』と思ってくれたら、それは生物と言えるんじゃないか」と車さんは言う。

「たとえ僕が今の人工細胞を見せて、面白おかしく発表したとしても、それを生命だと思う人はほとんどいないでしょう。ただ、何とか中で脂質ができて、エネルギーもつくれて、タンパクもつくれて、一個が一〇〇個くらいに増えましたという、ボコボコボコというムービーを見せたら『ああ、やべえこれ』と思ってくれるかもしれない。そう思ってくれたら、それは生物でいいんじゃないか」というわけだ。

このアイデアは、人工知能の分野で昔から議論のある「チューリングテスト」に似ている。コンピュータのような機械が人間並みの「知能」を得たかどうかを判定するために、イギリスの数学者アラン・チューリング（一九一二～一九五四）が考えた方法だ。

そのテストでは、機械の複雑さといった客観的な基準を用いない。代わりに、目隠し状態でその機械と対話した人が、相手を同じ人間とみなすかどうかで判定することを提案している。

こういう主観的な要素、あるいは文化的な要素なども含む視点については、第一章でも議論したが、第四章でも再度じっくり検討してみたいと思っている。

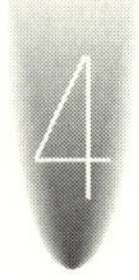

# 分子版「ジュラシック・パーク」の世界

## くせ毛に秘められた進化の謎

マイケル・クライトン原作、スティーブン・スピルバーグ監督の映画『ジュラシック・パーク』が大ヒットしたのは、四半世紀以上も前の一九九三年だ。それ以降、シリーズ化され、二〇一八年には第五作目の『ジュラシック・ワールド／炎の王国』が公開された。

ご存知の方も多いと思うが、その大本となったアイデアは、遺伝子工学を使って恐竜を現代に蘇(よみがえ)らせることだった。琥珀(こはく)に閉じこめられた蚊の腹部から恐竜の血液を取りだしてＤＮＡを復元し、ワニの未受精卵に導入して発生させる。

六五〇〇万年前までに滅びた恐竜のＤＮＡを復元するのは、現実にはほぼ不可能だ。しかし、同様な考えでマンモスのような絶滅動物を蘇らせようとする研究は、実際に世界各国で進められている。まだ成功した例はないし、倫理的な問題も議論されてはいるが、数万年くらいだったら時を遡ることも夢ではないらしい。

いずれにしても、ここで使われる遺伝子工学は、現時点で存在しない生物をつくりだそうとしている、あるいは再構成しようとしている点で、合成生物学の一種とみなされる。

そして、生命の起源に合成生物学で迫ろうとしている研究者の間では、四〇億年以上前に存在したはずの「原始タンパク質」を再現しようとする研究も進められている。いわば「ジュラシック・パーク」の分子版だ。

そう聞いてもピンとこない人が多いだろう。そもそも原始タンパク質とは何なのか。いきなりだが、くせ毛の話から始めたい。


日本人を含む東アジア人には直毛が多いといわれる。しかし筆者の周囲には、くせ毛に悩んでいる人がけっこういる。私事ながら実は愚息もそうで、朝起きると必ず頭髪全体がイギリス近衛兵の帽子を被ったように立ち上がっている。その半分でもいいからもらって、寂しくなった自分の頭に載せたいと願うくらいだが、本人には厄介なことらしい。

この、くせ毛の原因に深く関わっているのが、システインという含硫アミノ酸である。「含硫」というのは「硫黄を含む」という意味だ。

髪の毛を構成するケラチンなどのタンパク質には、このシステインが多く含まれている。それはタンパク質とタンパク質を結びつける役目を果たしているのだが、イメージとしては梯子（はしご）の桁を思い浮かべてほしい。つまり、二本の棒ないしは板の間に、桁を渡すのがシステインだ。

その渡しかたがちゃんと平行ではなく、斜めになっていたりすると、タンパク質によってつくられる構造自体が歪んでしまう。結局はその歪みが、髪の毛のくせとなって現れるというわけだ。

こう紹介すると厄介物のようだが、システインは、くせ毛の原因になっているだけのアミノ酸ではない。裏を返せば、タンパク質の立体構造の形成や維持に、重要な役割を担っているのだ。また最近は、抗酸化作用や美肌効果があるとか、二日酔いに効くという触れこみのサプリメントにもなっている。

しかし、それは副次的な効果で、そもそもエネルギーをつくりだす代謝にはシステインが欠かせないし、植物の光合成にも必須という、「生きること」の根幹に関わる物質なのだ。さらには生命の起源においても、重要な役目を果たしていた可能性がある。そのわりには何となく目立たないのだが……。

## 四〇億年前、システインは存在していなかった？

我々の体の七〇％は水分である。残り三〇％を占める固形分のうち半分、つまり一五％はタンパク質でできている。約一〇万種類といわれているそうしたタンパク質は、どれもアミノ酸が数百以上つながったものだ。したがって、一五％はアミノ酸と言い換えてもいい。

| 必須アミノ酸 | 非必須アミノ酸 | 遊離アミノ酸 |
|---|---|---|
| バリン | アスパラギン | オルニチン |
| ロイシン | アスパラギン酸 | シトルリン |
| イソロイシン | アラニン | GABA（γ-アミノ酪酸） |
| ヒスチジン | アルギニン | |
| リジン | **システイン** | |
| メチオニン | グルタミン | |
| フェニルアラニン | グルタミン酸 | |
| スレオニン(トレオニン) | グリシン | |
| トリプトファン | プロリン | |
| | セリン | |
| | チロシン | |

**表3－1　人間の体にある主要なアミノ酸**
システインは非必須アミノ酸（体内で合成できるアミノ酸）に含まれる

地球上では五〇〇種類ものアミノ酸が発見されている。しかし生物のタンパク質を構成しているのは、そのうちの二〇種類でしかない（表3－1）。どうしてその二〇種類になったのか、というのも大きな謎なのだが、とりあえず今は忘れておこう。

「必須アミノ酸」という言葉を聞いたことがあると思うが、これは二〇種類のうち、生物が体内で合成できないアミノ酸だ。人間の場合は九種類で、これらは食物から摂取しなければならない。一方で「非必須アミノ酸」は体内で合成できるが、だからといって食べなくてもいいというわけではない。人間の場合は一一種類あって、システインはそちらに含まれる。

ちなみにタンパク質は構成しないが、細胞や血液中に蓄えられている「遊離アミノ酸」というのもある。これらも生きるためには必要で、代表的なものは三種類ほどだ。

表3-1を眺めてみると、馴染みのある名前とそうでないものがある。アスパラギン（酸）やグルタミン（酸）、オルニチン、GABAなどは、よく聞く。バリンとロイシン、イソロイシンの三つをまとめた別名「BCAA」にも見覚えがある。いずれもサプリメントや調味料の成分表などに、よく載っているからだろう。

システインもサプリメントにはなっているが、あまり知られていない気がする。だが量の多寡はあれ、大部分のタンパク質に含まれている。目立たないが、なくてはならない存在だ。ところが謎めいたアミノ酸でもあって、生命が誕生する四〇億年前までは存在しなかったかもしれないという。

第二章で触れたが、地球に落ちてくる隕石の中には、もともとアミノ酸を含むものがある。それらと隕石の衝突によって生じるアミノ酸を合わせれば、表の二〇種類のうち半分以上が揃ってしまう。だがシステインは今のところ、そのリストに入っていない。

また、フラスコ内で電気火花を散らす「ユーリー＝ミラーの実験」のように、原始地球環境を模したさまざまな化学進化実験でも、ホモシステインやメチオニンといった含硫アミノ酸は生成しているのに、なぜかシステインだけは確実な報告がない。おそらく、できてもすぐ別の化合物に変化してしまうか、あるいは、そもそも生物の働きなしでは、非常にできにくいアミノ酸なのである。

システインが生物によってつくられる化学的な過程には、三つくらいのパターンがある。基本的にはセリン（人間では非必須アミノ酸）を出発点とすることが多い。そこから何段階かの化学反応を経てシステインが合成されるのだが、その過程には何種類かの酵素（タンパク質）が関わっている。実はここに問題がある。

セリンは隕石の衝突などでも生成するので、四〇億年以上前から現在に至るまで存在したと考えていい。一方でシステインは、原始地球に存在しなかった可能性がある。ところが現在、セリンからシステインをつくるのに必要な酵素には、それを構成するアミノ酸の一つとして、システインが入っているのだ。

では、システインのない時代には、どうやってシステインをつくっていたのだろうか？　典型的な「卵が先か、鶏が先か」というパラドックスである。これを、どう解いたらいいのか。とにかくシステインができないと、タンパク質は立体構造をつくれないし、生物は代謝も光合成もできないのだ。ここで、また一人の合成生物学者が登場する。

## 二種類の「紐」を結びつける分子との出会い

東京工業大学地球生命研究所（ＥＬＳＩ）特任准教授の藤島皓介（ふじしまこうすけ）さんは、かつてＮＡＳＡエイムズ研究所の研究員も務めていたことがある。日本とアメリカを往復しながら、生命の起源をはじめ、地球外生命探査や火星移住計画など多彩な研究に携わってきた。

五歳から一〇歳まではイギリスで過ごしたという、根っからの国際派だ。高校に入ってから大学院までは、ずっと慶應義塾大学の湘南藤沢キャンパスで過ごした。大学では情報科学と分子生物学を組み合わせた「バイオインフォマティクス（生命情報科学）」という新しい分野に出会ったが、これはまさに今の合成生物学と重なる部分が多い。

藤島さんはコンピュータを駆使してタンパク質の配列を解析したり、骨格筋の代謝シミュレーションなどをやっていた。大学院に入ってからは、古細菌のｔＲＮＡ（転移ＲＮＡ）の研究をしている。前項で「ＰＵＲＥシステム」の中に入っていた分子の一つだ。

おさらいだが、生物には「セントラル・ドグマ（中心原理）」と呼ばれる共通の機能がある。細胞がタンパク質をつくる際に、核のＤＮＡに書かれている遺伝情報をｍＲＮＡ（伝令ＲＮＡ）に写し取り（転写）、そのｍＲＮＡの情報をできあがったタンパク質に反映させる（翻訳）という仕組みのことだ。tRNAはリボソームというタンパク質工場のいわばオペレータとして、翻訳の過程に関わっている。

RNAの中でもかなり小さな分子だが、tRNAはDNAの配列情報をもつmRNAとアミノ酸の両方に、くっつくことができる。つまり両者を突き合わせることができる。その特技を生かして、mRNA上に遺伝暗号（コドン）〔注28〕で指定されているアミノ酸の種類を読み取り、該当するアミノ酸を順番にリボソームへ渡して一本の紐へと編んでいくのだ。最終的にできあがった長い紐がタンパク質である。

すでに述べた通り、我々の体を構成する物質のうち七〇％は水だが、あとはほとんどタンパク質と核酸（DNAとRNA）である。どちらも長い紐状の物質だ。人工細胞をつくっている車さんのような「膜屋」にとっては生命の境界となる脂質も大事だが、代謝と自己複製という生命の基本機能を実現しているのは、この二種類の紐である。

これらが両輪となって働かなければ、ベシクル（脂質二重膜の袋）は、いつまでも単なる袋のままだ。そしてtRNAは二種類の紐の橋渡し役であり、両輪の軸になっているともいえる。

〔注28〕mRNAの情報はアデニン（A）、シトシン（C）、グアニン（G）、ウラシル（U）という4つの塩基（を含むヌクレオチド）で書かれており、このうち3つの配列（組み合わせ）で一つのコドンとなっている。つまり全部で4×4×4＝64種類あり、そのうちの61種類それぞれが、20種類あるアミノ酸のどれかに対応している。残りは合成の開始や終了の信号となっている。たとえば「GAU」か「GAC」だとアスパラギン酸、「GAA」か「GAG」だとグルタミン酸を意味している。このコドンは、もともとDNAの塩基配列から読み取られたものである。

こうしたｔＲＮＡの研究に関わったことから、藤島さんはセントラル・ドグマにおける翻訳という仕組みが、どのようにできあがっていったのか、すなわち「翻訳系」の起源に強く惹かれるようになった。

そして今は、自ら原始的な翻訳系を再現してみたいと考えている。

車さんは人工的に細胞を丸ごとつくることで、生命の起源に迫ろうとしていた。目標はなるべくシンプルな、つまり原始的な細胞の構築である。一方で藤島さんは生命機能の一部に関して、原始的な姿を探ろうとしている。どちらも合成生物学だが、やはり線としての「起源」あるいは時間軸上の、狙っている場所がちがう。

車さんが最終的に再現しようとしているのは、我々の最後の共通祖先「ＬＵＣＡ」が誕生する直前の「プレＬＵＣＡ」である。つまり、生命０・９あたりだろう。見た目も、すでに細胞っぽい形をしているはずだ。

しかし藤島さんが興味をもっているのは、まだ形が曖昧で「単なる高分子」と言われても仕方がないような生命０・１から０・２あたり——その段階で「ありえた」翻訳系の再現である。

ついでに言えば、第二章にご登場いただいた小林さんや、山岸さん、古川さんらは、アミノ酸や核酸ができるさらに前の段階、それこそ生命０・０００００１から０・０９くらいを中心に研究しているといえるだろう（山岸さんは半生命の存在を認めていないが）。

## システインがなくてもシステインはできる

生命誕生前の原始地球に、おそらくシステインはなかった。しかし現在、システインは、それ自体を含むタンパク質によってつくられている。この矛盾を解決するため、藤島さんらはシステインをつくるのに必要な酵素から、システインをすべて取り除いてみることにした。

つまり本来、システインがあるべき部分を別のアミノ酸に置き換えるなどして、酵素を設計しなおしたのである。置き換えるアミノ酸には、生物なしでも生成しうるものを選んでいる。

すると、その「システインなし酵素」でも、セリンからシステインを生成できることが確認された。また、遺伝子工学で「システインあり酵素」をつくれなくした大腸菌に、「システインなし酵素」をつくるための人工的な遺伝子を導入すると、問題なく生き続けることがわかった。

つまり、この「システインなし酵素」は、地球史上初めて、自分の中に含まれないアミノ酸をつくりだしたタンパク質ということになる。そのように、今よりも種類の少ないアミノ酸でできた、単純な「原始タンパク質」が、過去に存在したかもしれない。冒頭で分子版「ジュラシック・パーク」と呼んだのは、こうした実験のことである。

## タンパク質と核酸は最初から共進化してきた

原始地球にもさまざまなアミノ酸はあったかもしれないが、少なくとも現在、生物がタンパク質に利用している二〇種類全部は揃っていなかっただろう。それらが数百以上つながったタンパク質も、存在しなかったか、非常に数が限られていたはずだ。ほとんどは、アミノ酸が数個から数十個程度つながっただけの「ペプチド」だったと予想される。

しかし、それらのペプチドにも機能的に未熟ながら、酵素のような役目を果たすものがあったかもしれない。

恐竜も二億年以上前に登場したときは、小さなトカゲっぽい生き物が何種類かいたにすぎなかったはずだ。それが絶滅するまでに一億五〇〇〇万年以上をかけて多様化し、ティラノサウルスやトリケラトプス、ブラキオサウルスなど巨大でユニークな姿の生きものが誕生していった。今では化石として残されたものしか知りようもないわけだが、それでも約一〇〇〇種類が確認されている。

藤島さんはペプチドやタンパク質も、同様に進化し、多様化していったと考えている。しかもタンパク質だけが単独で存在していたわけではないと予想している。そこには、お互いに進化を促し合う「相棒」がいた。すなわち核酸という紐である。

恐竜も一億五〇〇〇万年以上の間、彼らだけで地球を闊歩していたわけではない。哺乳類の祖先を含むさまざまな種と争ったり、支え合ったりするなかで、進化していったはずだ。

「セントラル・ドグマに関わっている分子を見ると、核酸だけれどもアミノ酸を運ぶｔＲＮＡがあったり、核酸（ＲＮＡ）とタンパク質の複合体であるリボソームがあったりします。そういう状態を見ていると、翻訳系は最初から、核酸とタンパク質が共存するなかで、できあがっていったのではないでしょうか」と藤島さんは言う。

生命へと至る化学進化が、どんな物質から始まったのかによって「ＲＮＡワールド」や「プロテイン（タンパク質）ワールド」、「リピッド（脂質）ワールド」、「がらくたワールド」などの仮説があることは、これまでにも何度か述べた。山岸さんは「ＲＮＡワールド」、小林さんは「がらくたワールド」、車さんは「リピッドワールド」の支持者あるいは提唱者だった。

一方、古川さんは基本的に「ＲＮＡワールド」派だが、タンパク質のほうが核酸よりもできやすいことから、両者が同時に存在していた可能性も認めている。この共存という点は、藤島さんと同じだ。しかし、古川さんは核酸の進化については、乾いたり湿ったりという過程とともに、鉱物のような無機的な触媒の作用を考えていた。

それを否定はしないが、藤島さんは、どちらかというと、核酸とタンパク質が「共進化」した可能性を重視している。より具体的に言えば、核酸の部品であるヌクレオシドやヌクレオチドと、タンパク質の部品であるアミノ酸やペプチドが、それぞれ長くつながっていくことに貢献し合った可能性だ。

譬(たと)え話をしよう。

四〇億年以上前の原始地球環境に、ちょっとした穴、ないしは窪みがあった。それは陸上でも海中でもいいのだが、とりあえずイメージしやすいので陸上の湿ったり乾いたりする場所ということにしておこう。

その窪みにある鉱物の表面では、金属と硫黄による化学反応でエネルギーが生みだされていた〔注29〕。そして何十種類かの「ペプチドザウルス」と数種類の「ヌクレオチドン」が住み着いていた。

これらは当時の地球にいた全種類ではなく、窪みを形づくる鉱物の性質や温度、湿度、水素イオン濃度（pH）など、さまざまな条件によって絞られていた。そして、たまたま「世話好き」のペプチドザウルスと「社交的」なヌクレオチドンが、その環境に惹きつけられて集まっていた。

ヌクレオチドンは水の中だと弱々しい感じだったので、世話好きのペプチドザウルスは彼らを囲みながら守ってやろうとした。ヌクレオチドンも愛想がよかっ

〔注29〕鉱物の表面はさまざまな物質がくっついて集まりやすく、化学反応が起きやすい場所となっている。とくに硫化鉄などの金属と硫黄の化合物には、弱いながらも酵素のような触媒作用があって、エネルギーを生みだす反応が進むこともある。

たので、そのまわりには世話好きのペプチドザウルスが集まってくる。そしてお互いにしっかり抱き合ったり、手をつないだりしながら、固まって暮らすようになった。

すると、隣り合うペプチドザウルスどうしも、守っているヌクレオチドンに導かれて仲良く腕を組んだり、またヌクレオチドンどうしも、同じペプチドザウルスを介して手をつないだりするようになった。

こうして腕を組んだり、手をつないだりする者が増えていき、どちらも長くつながっていく。そして、あるとき、ペプチドザウルスは巨大なタンパクシツザウルスへと進化し、ヌクレオチドンも非常に長いカクサンドンへと進化した。

タンパクシツザウルスとカクサンドンは、その後もお互いに助け合いつつ、仲良く暮らしていったとさ。めでたしめでたし。

ということで、何となく意味はくみとっていただけただろうか。

つまり、数あるアミノ酸やペプチドの一部、そしてヌクレオシドやヌクレオチドの一部が、地球環境というふるいにかけられて特定の場所に集まり、そこで両者が出会う。

ヌクレオシドやヌクレオチドは水に触れると分解されやすい。しかし、アミノ酸やペプチドがくっついていれば壊れにくくなる。

するとヌクレオシドやヌクレオチドの周囲では、それらに結びつきやすいアミノ酸やペプチドが、選択的に濃縮されていく。一方で、生き残りやすくなったヌクレオシドやヌクレオチドも、アミノ酸やペプチドとともに濃縮されていく。

両者が濃縮されて分子間の距離が近くなれば、アミノ酸やペプチドどうし、あるいはヌクレオシドやヌクレオチドどうしも結びつきやすくなる。

このとき、たとえば先に結びついた二つのペプチドを介してヌクレオチドどうしが結びついたり、その逆が起きたりといったように、お互いが足場や土台の役目を果たしていった可能性がある。そして、それぞれが長い紐へとつながっていった〔注30〕。

その過程でシステインのような新しいアミノ酸をつくりだすペプチドや原始タンパク質ができていったかもしれない。同時に、そのような原始タンパク質と対をなす核酸も誕生した。お互いが足場や土台の関係だったら、そうなったはずだ。

最終的に、多様なタンパク質と核酸が、車の両輪ないしはパートナーとして、セントラル・ドグマの翻訳系を構築していったというわけである。

これは今のところ仮説にすぎない。タンパク質も核酸も恐竜とちがって化石を残さないから、実験で検証していくしかない。

〔注30〕現在も、リボソーム内のRNAがアミノ酸からタンパク質への重合を担っており、一方でポリメラーゼという酵素（タンパク質）が、RNAの重合を担うというように、相補的な関係がある。

たとえば配列（どのアミノ酸が、どの順番でつながっているか）の異なるさまざまなペプチドをランダムにつくりだし、それを試験管の中にばらまく。そこにさまざまな核酸（ＲＮＡ）の断片やヌクレオチドなどを放りこむ。そして温度やpHなどを変えたり、金属を加えたりしながら、種々の条件下で反応させるのである。

その結果、ペプチドだけ、あるいは核酸だけのときに比べて、両方を混ぜたときのほうが、より長い紐ができてくれば、仮説の信憑性は高まる。また、そうやってできてきたタンパク質の機能を調べたとき、新しいアミノ酸をつくりだす能力があったとか、あるいは、より効率的に核酸をつなげていく能力があった、ということが起きていれば、分子版「ジュラシック・パーク」は現実に近づいていくだろう。

藤島さんは現在、そのような実験を行う準備を進めている。何しろアミノ酸は二〇種類あって、それをペプチドにつなげたときの組み合わせは膨大だ。反応条件もいろいろと考えられるので、効率的にやらなければいつまでも実験が終わらない。

そこで近年、抗体医薬などの分野でも利用されている「ｍＲＮＡディスプレイ」と呼ばれるテクニックも、導入するつもりだ。これを使えば大量のタンパク質やペプチドの配列と、それらの機能をいっぺんに知ることができる。

「まだまだ遠い道のりですが、最終的には試験管の中で、一から原始翻訳系のようなものを再構築できたらいい」と藤島さんは言う。

「いろいろな試行錯誤の中から、こういう条件だったら二種類の紐がお互いに共進化しながら発展していけるというのが見えてくると思います。すると、その条件を満たす原始地球環境はどこだったか、というところまで迫れるでしょう。たとえば、塩分濃度はこれくらいの範囲だとよく反応が進むとか、そうすると淡水よりは海に近いとか、マグネシウムはあまり必要なかったとか、そういったことがわかってくる。ありえた進化の場を規定することができて、それが他の天体でも存在しうるかを考えられる。存在しうるとなれば、二種類の紐を使う生命は地球だけではなく、宇宙で普遍的に誕生してもいいという結論になります」

藤島さんのビジョンは壮大だ。

## システインが鉱物の表面から生命を解き放った

最後にもう一度、システインの話をしておこう。先ほどの譬え話で、実は伏線を張っておいたのだが、分子版「ジュラシック・パーク」が再現しようとしている世界には、タンパク質や核酸より前におそらく存在していたものがある。それは鉱物を介しての化学反応——すなわち「原始代謝」だ。これが最終的に生命というシステムの中へ取りこまれていかなければならない。システインは、その実現に一役買った可能性がある。

我々は細胞で行われる「呼吸」によって有機物を分解し、エネルギーを得ているが、ここには「鉄硫黄タンパク質」が関わっている。分解というのは、難しく言えば「酸化還元」という電子のやりとりを伴う化学反応なのだが、この反応には鉄硫黄タンパク質が欠かせない。このタンパク質には、その名の通り鉄と硫黄が含まれている。専門的には「鉄硫黄クラスター」と呼ばれる、鉄原子と硫黄原子の集合体だ（図3－20）。

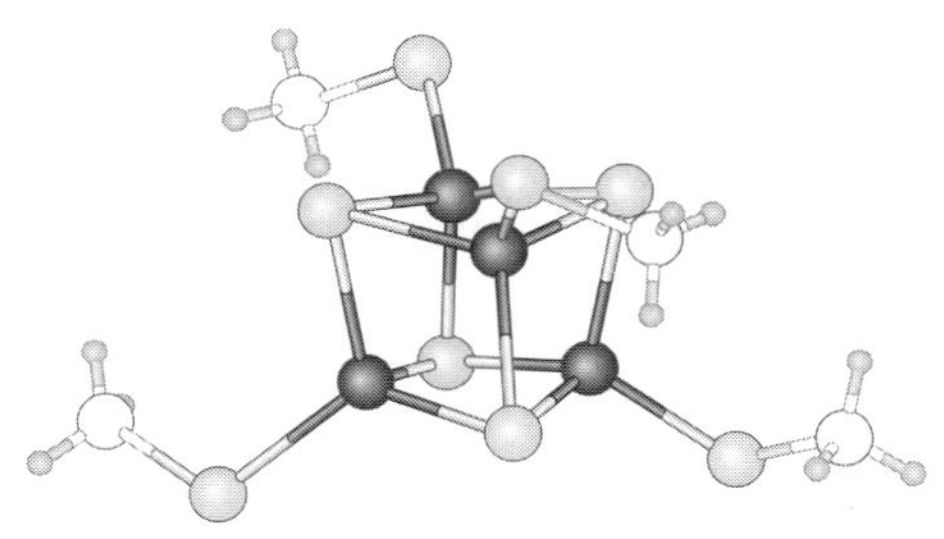

**図3－20　鉄硫黄クラスターの例**
大きな玉のうち、薄い灰色が鉄、濃い灰色が硫黄の原子を表している

実はそれは、二〇種類のアミノ酸の中で唯一、システインだけが持つ「チオール基」と呼ばれる部分によって、タンパク質と結びついている。逆に言うと、システインがなければ鉄硫黄タンパク質はできないし、生命は電子をうまくやりとりすることができない〔注31〕。

では、この鉄と硫黄は、どこから来たのか？　鉱物の表面からと考えるのが、いちばん自然だろう。

「鉄と硫黄は原始地球に豊富でした。酸素発生

〔注31〕ヒスチジンやアスパラギン酸にも鉄硫黄クラスターをつかまえる性質はあるが、圧倒的にシステインのほうが利用されている。チオール基を持っているほうが、電子のやりとりに向いているのかもしれない。

型の光合成細菌（シアノバクテリア）によって酸素が放出される以前には、海にも鉄が大量に溶けていた。そしてブラックスモーカー型に代表されるチムニーの熱水は、硫化水素に富んでいました。その熱水と海水とが混ざることによって、硫化鉄がわんさかつくられていたはずです」と藤島さんは言う。それは陸上の温泉地帯であっても同様と考えられる。

「もし硫化鉄が大量に存在する環境で、システインをつくるような反応が生じれば、それによってつくられたシステインが周りにある硫化鉄を取りこんで、原始鉄硫黄タンパク質のようなものができる。すると酸化還元反応をコントロールできるようになるので、そのエネルギーを使ってまた別の反応――たとえば他の有機物をつくるといったことができます」

実際にシェリフ・マンシーというイタリアの合成生物学者が、原始的な鉄硫黄クラスターを含むペプチドを、すでにつくっている。そのペプチドは、別の有機物をつくりだす酵素のような機能も持っていた。

「硫化鉱物が持つ酸化還元能力を、鉄硫黄タンパク質が積極的に利用するために、システインが現れたと考えられます。逆に言えばシステインが現れないかぎり、鉱物表面の代謝を生化学に持っていくことはできない。鉱物はその場から動けませんが、ペプチドで包めば溶けだしていくので、他の環境にその酸化還元能力をふるまうことができる。キャリアーなんです」

つまり、システインができなければ、生命はいつまでも鉱物の表面から動けなかった可能性がある。

くせ毛の多い人は、朝起きて鏡の前に立つと、うんざりするかもしれない。学校や職場へ行くのが嫌になることもあるだろう。そういうときは、カールした髪をしみじみ眺めて、そこにある迷惑なアミノ酸が四〇億年以上前の原始地球でいかに誕生し、活躍してきたかに思いをはせてみよう。少しは、なぐさめられるのではなかろうか。

えっ、ただでさえ忙しい朝にそんな余裕はない？　ごもっともです。

# 第四章

# 「生命の終わり」をつくる

## 1 僕はいつ「死」を迎えるのか

### ドナーカードに記された「二つの死」

第一章で、僕が「生命」を意識しはじめたのは「死」を目撃したことがきっかけだったという話をした。おそらく多くの人が、似たような経験をしているのではないだろうか。

環境にもよるだろうが、ごくありきたりの日常で「死」に出会うことは、ほとんどない。都会に暮らしていれば、動物の死体を見ることさえまれだ。メディアでさまざまな死の報に接することはあっても、たいていは頭を素通りしていく。

生きていることが当たり前だから、空気のように命の存在を忘れてしまう。だが、そこに病気や老い、事故、災害といった非日常が紛れこんで死を目の当たりにすると、吹きつける風で空気を思いだすように「生」の手触りが蘇ってくる。

まして幼いころは、周囲の何もかもが生きていた。だから、いちいち「生命とは何か」なんて、考えたりしない。初めて「死」と直感できるものに出くわすまでは――。

「死んだもの」は必ず「生きていたもの」である。例外はない。生と死は一体であり、連続している。であれば「生命の起源」や「生命とは何か」を問うことと、「死の起源」や「死とは何か」を問うこととは、表裏一体のはずだ。

実際、合成生物学者の中には「生命をつくろう」とする前に「死をつくろう」としている人もいる。「いや、そんなの殺せばいいだけじゃん」と思うかもしれないが、そこから「生」につなげようとすると、実はそう簡単でもない。

また、これは僕の造語だが「メタ合成生物学」的とも呼びうる手法で「死」をつくりだし、それを逆手にとって人工生命を生みだそうとする研究者もいる。「何のこっちゃ」だろうが、彼らの試みは次項から詳しく追っていくつもりだ。

その前に、少し準備体操をしておきたい。第一章では僕がいつ生命になったのかを考えたが、ここでは僕がいつ非生命になるのか、つまり死ぬのかを検討してみよう。

それは昔のドラマなどでよくあったように、医者が横たわった僕の脈をとり、口元に耳を寄せ、まぶたをこじ開けてライトを当てた後、おもむろに「ご臨終です」と告げた瞬間なのだろうか。ここまで読んでくださった読者は、すでに予想しているだろうが、やっぱり事はもっと複雑なようである。

僕は自営業者なので国民健康保険に入っている。その保険証をひっくり返して裏側を見ると、そこは「臓器提供意思表示カード（ドナーカード）」になっている。おそらく読者の皆さんも何らかの形で所持しているだろう。運転免許証やマイナンバーカードと一緒になっていたり、あるいは独立したカードかもしれない。

しかし、記されている質問事項などは次の通りで、どれもほぼ同じはずだ。

以下の欄に記入することにより、臓器提供に関する意思を表示することができます。記入する場合は、1から3までのいずれかの番号を○で囲んでください。

1. 私は、脳死後及び心臓が停止した死後のいずれでも、移植の為に臓器を提供します。
2. 私は、心臓が停止した死後に限り、移植の為に臓器を提供します。
3. 私は、臓器を提供しません。

《1又は2を選んだ方で、提供したくない臓器があれば、×をつけてください。》

【心臓・肺・肝臓・腎臓・膵臓・小腸・眼球】

---

これに続いて特記欄があり、さらに署名年月日および本人と家族の署名欄がある。

このカードには、まずはっきりと二つの「死」が書かれている。「脳死」と「心臓が停止した死」だ。後者は「心臓死」とも呼ばれる。

実は「出生」についての定義と同様、日本の法律に「死亡」の明確な定義はない。唯一の例外ともいえるのが「臓器の移植に関する法律（臓器移植法）」で、そこには脳死に関する定義だけが次のように記されている。

「脳死した者の身体」とは、脳幹を含む全脳の機能が不可逆的に停止するに至ったと判定された者の身体をいう。

わりと、あっさりしている。だが、この脳死の是非をめぐって、いまだに多くの議論があることは周知の通りだ。本書でそこに踏みこむつもりはない。あくまでも死について、どのような定義があるかを知りたい。

調べてみると脳死に関しても、いくつか異なる学説があるようだ。臓器移植法が採用しているのは「脳幹を含む全脳の機能が不可逆的に停止する」ことを要件とする「全脳死説」である。ほかに、思考中枢である大脳の機能が停止したときとする「大脳死説」、生命維持に関わる脳幹の機能が失われたときとする「脳幹死説」などがある。

いずれにしても脳死は、医療技術の発展を背景として出てきた、新しい概念だ。最近になって「発明された」死だと言ってしまっても、たぶん過言ではない。

人工呼吸器によって、かろうじて心肺機能が保たれている状態は、もともと「不可逆的昏睡」と呼ばれていた。しかし臓器移植の必要性が声高に訴えられはじめると、それは「脳死」という言葉に置き換えられていった。「昏睡」つまり「意識障害」の患者という扱いだと、臓器を取りだすのは法的にも心理的にも難しいからだ。

一方で「不可逆的昏睡」などという状況が生まれる以前の死は、もっぱら「心臓死」だった。この定義にもいくつかあるが、通常は心拍停止、呼吸停止、瞳孔散大の「三兆候説」をとる。昔のドラマで、医者が「ご臨終です」と告げる前にやっていたのは、その確認だったわけだ。今でも状況によっては同様なことをしているかもしれないが、脳死の判定は、もう少し複雑になっている。

何となく妙な言いかただが、ドナーカードを見るかぎり、今のところ我々は、脳死と心臓死のどちらかを選ぶことができるようだ。

## 細胞は死後も数日間、生き続ける

第一章でも結果の一部を引用させてもらったのだが、NHK放送文化研究所が二〇一四年、日本全国の一六歳以上を対象に行ったアンケート調査によると、「脳死を人の死と考える」と「どちらかといえば、脳死を人の死と考える」という回答を合わせた数は、全体の四六％だった。一方、「心臓死を人の死と考える」と「どちらかといえば、心臓死を人の死と考える」は合わせて三四％だった。

実は同様な調査が二〇〇二年にも行われており、そのときは「脳死派」が三五％で「心臓死派」が四三％だった。つまり一二年の間に逆転していたのである。人の死の概念は、時代とともに変わっていく。あるいは「人道的」「医学的」「実利的」な要請、もっと言ってしまえば「政策」によって、比較的短期間に大きく変わりうるのである。

つけ加えると、欧米では日本以上に脳死を妥当とする人が多く、六割以上という調査結果がある。ただ脳死の定義については、ほとんどの国が全脳死説を採用しているものの、イギリスでは脳幹死説を採用しているといったちがいがある。したがって住んでいる国によっても、異なった死を迎える可能性はある。

法律はともかく、医学的あるいは生物学的な死については、もう一つ頭に置いておきたいことがある。それは「個体の死」と「細胞の死」は異なるということだ。

早い話、我々が心臓死を迎えたとしても、すぐに全身の細胞までが機能を停止してしまうわけではない。脳では八時間、脂肪組織では一三時間、皮膚では二四時間くらいまで、細胞は生きていると考えられている。骨では四日間もつ場合があるらしい。

人間ではなく、マウスやゼブラフィッシュが対象だが、アメリカのワシントン大学で行われた実験（二〇一七年発表）によると、それらの細胞にある合計一〇六三個の遺伝子は、個体の死後も、最長で四日間、活動していた（mRNAへの転写が行われていた）。一部の遺伝子の転写物（mRNA）は、死後二四時間経過して減るどころか、むしろ増えていたという。

また、細胞によっては、人体から取りだしたあとでも適切な培養条件下でなら、ずっと生かしつづけることができる。

一九五一年、ヘンリエッタ・ラックスというアメリカ人女性の子宮頸がんから採取された細胞は、七〇年近く経った今でも培養され、増えつづけている。ラックス本人は細胞を採られたのと同じ年に、三一歳で亡くなっている。

彼女の姓名から二文字ずつをとって「ヒーラ細胞」と名づけられたその細胞は、世界中で生物学的あるいは医学的な研究に利用されてきた。これまでに培養されたヒーラ細胞の総量は、あくまでも推定だが五〇〇〇万トンを超えているらしい。ラックスの死亡時の体重が五〇キログラムだったとすると、一〇〇億人分以上になる計算だ。これは南北アメリカの人口に匹敵する。

我々の通常の細胞は、分裂回数に限度がある。最大でも五〇回ほどで、それが細胞の寿命となる。しかしヒーラ細胞は「不死化」しているとされ、これからも無限に増えつづけることが可能だ。ラックスは三一歳で夭折したが、彼女の細胞は培養されているかぎり、ほぼ永遠に生きつづける。そう聞くと、なんとなく落ち着かない気分にならないだろうか。

## もう一つの「死」が見え隠れしている

ドナーカードに記されている死は「脳死」と「心臓死」だけだ。これらは医学ないしは科学によって、ある程度は裏打ちされた概念といえる。だが別の観点から見た、もう一つの死が、カードのいちばん下に見え隠れしている気がする。

そこにあるのは、家族の署名欄だ（免許証の裏などには、ない場合もある）。記入は必須ではなく「可能であれば、確認のために」という趣旨だとうたわれている。

臓器移植法は一九九七年に施行されたが、二〇〇九年に改正された。大きな違いは家族の関わりかたである。

改正前は、ドナーカードなどの書面で本人による臓器提供の意思が示されており、なおかつ家族の承諾があった場合にのみ、臓器移植を行うことができた。しかし改正後は、本人による臓器提供の意思が不明であっても、家族の承諾があれば、臓器移植ができるようになった。

たとえば僕が病気や事故で人事不省に陥ったとする。すると医者は、とりあえず僕が脳死状態かどうかを判定する。脳死となったら家族が呼ばれ、僕が書面で臓器提供に関する意思を示しているかどうか確認する。意思が示されていなかった場合は、臓器を取りだしていいかどうかの判断を、家族に託すこととなる。

家族が臓器提供を承諾すれば、おそらく僕はそのまま（再判定は行われるが）脳死とされるだろう。そして（なぜか）筋弛緩剤や麻酔が施され、新鮮な臓器が取りだされる。承諾しなければ、僕は何時間か、何日か、あるいは何ヵ月か後に心臓死を迎えるだろう（奇跡的に息を吹き返す可能性もゼロではないが）。

つまり家族は、本人の意思がわからない状況で、臓器提供を承諾するかどうかはもとより、僕の「死」を選ぶよう迫られるわけだ。ここで「他者との間にある死」とでも言うべきものが、強く意識されてくる。

フランスの哲学者ウラジーミル・ジャンケレヴィッチ（一九〇三〜八五）は、死を三つに分類する考えを示した〔注32〕。「一人称の死」と「二人称の死」「三人称の死」である。「一人称」とは「僕」や「私」「俺」だから、その死とはほかならぬ自分自身の死のことである。「二人称の死」とは「君」や「あなた」「おまえ」などと呼びうる人の中でも、ごく親しい者の死をさす。具体的には家族や恋人、友人などの死が、これに当たる。そして「三人称の死」とは、それ以外の、通常は関心をもたない第三者の死であり、一般的な概念としての死だ。生物学的な死も、そこに含められるかもしれない。

〔注32〕ウラジーミル・ジャンケレヴィッチ、仲澤紀雄訳『死』みすず書房（1978）

これらは死の分類というよりは、三つの側面というふうにも思える。それぞれが、ばらばらにあるのではなく、常に一体となっている。

この中で「二人称の死」が最も切実なのは、おそらく論をまたないだろう。いや「一人称の死」も切実だと言うかもしれないが、我々は自分自身の死を経験できない。死が訪れたときには、それを経験する主体である自分は消えている。当然、自分の葬式はできないし、自分を墓に埋めることもできない。我々は自分の「死すべき運命」を恐れ嘆くことはできても（そういう意味で切実ではあるが）、死そのものを嘆くことはできない。

妙な話ではあるが、自分の死を経験するのは、自分を「君」や「あなた」と呼んでくれる人々にほかならないのだ。ジャンケレヴィッチは著書の『死』で次のように語っている。

> 親しい存在の死は、ほとんどわれわれの死のようなもの、われわれの死とほとんど同じだけ胸を引き裂くものだ。父あるいは母の死はほとんどわれわれの死であり、ある意味では実際にわれわれ自身の死だ。（中略）愛する存在の消失によって覚える愛惜と心を裂くような悲しみとにおいて、われわれは親しい者の死を自分自身の死のごとくに生きる。

我が子を亡くした母親などは、しばしば「自分が死ぬよりつらい」と口にする。それを考えれば、家族が「不可逆的昏睡」に陥ったとき、彼または彼女を脳死させるか心臓死させるか選ぶよう迫られるのは、かなりのっぴきならない状況ではないだろうか。

いずれにしても、ここで言いたいのは死が他者（社会という三人称的な存在も含む）との関係性を抜きにしては語れない、ということだ。やや極端な形で、それを示しているのがトラジャ族の風習である。

インドネシアのスラウェシ島に暮らすトラジャ族は、家族が亡くなっても、すぐに埋葬したりはしない。それどころか数週間から数ヵ月、ときには数年間も遺体を家に置いて、まるで生きているかのように世話をする。

実際、彼らはその家族のことを「遺体」ではなく「病人」と呼び、毎日、三度の食事とおやつをベッドに運んでは話しかける。定期的に体を洗ったり、着替えをさせたりもする。部屋の片隅にはトイレ用の桶まで用意している。遺体は防腐処理をしているので腐ることはなく、次第にミイラ化していく。

トラジャの人々は家族が生物学的な死を迎えたことを認識しつつも、心のどこかで「まだ生きている」あるいは「魂はまだここにある」と感じているらしい。そして気の済むまで遺体と暮らした後、盛大に葬式を執り行う。親類縁者を呼び集めて、お祭りのように楽しむらしい。

埋葬を終えた後でさえも、地域によっては定期的に遺体を墓から取りだして、新しい服を着せたり、髪をとかしてやったりする。そして「爪やひげが墓に入れたときよりも伸びていた」などと言って、喜んだりもする〔注33〕。

トラジャ族にとっての生命は、死によって、ぷっつりと断ち切られるものではなく、ゆっくりとフェードアウトしていくもののようだ。実際、生物学的にも死は瞬間的な出来事――つまり「点」ではない。徐々に進行していく「線」だ。脳や臓器の機能停止ばかりでなく、細胞の死も含めるとしたら、それは何日か続くこともある。さらに「二人称の死」も含めれば、数年にも及ぶ場合がある、ということだ。

日本でも古代には「殯（もがり）」という、似たような風習があった。それは今でも「通夜」という形で名残を留めている。また沖縄では、いったん埋葬した遺体を取りだして、遺骨を洗い、改葬する「洗骨」が比較的最近まで普通に行われていた。これもトラジャ族が墓から取りだした遺体の身なりを整えてやるのに似ている。

しかし現代の日本では、まだほんとうに死んだのかどうか確信できないような状況でも、臓器移植のために別れをうながされる場面が、ありうるのだ。

〔注33〕死後に爪やひげが伸びることはないが、皮膚が乾燥して縮む一方、爪やひげは縮まないので露出部分が多くなり、結果的に伸びたように見えることはある。ところ変われば、こうした現象は恐怖の対象となり、ヨーロッパなどでは吸血鬼伝説を生んだ可能性がある。

## 2 フランケンシュタインの大腸菌

### 怪物もしくはゾンビ

イギリスの作家メアリー・シェリー（一七九七～一八五一）が一八一八年に出版したゴシック小説『フランケンシュタイン』は、数々の映像化作品で有名だ。しかし原作は意外に読まれていないらしく、わりと誤解されていることが多い（図４－１）。

たとえば「フランケンシュタイン」は登場する怪物そのものの名前と思われがちだが、実際にはそれを生みだした主人公の名前である。人間の死体を組み合わせてつくられた怪物自体に、これといった名前はつけられていない。背丈が二四四センチメートルと大柄で、非常に醜いといった特徴は映画などと同じだ。

また、フランケンシュタインという人物についても、老境にさしかかって白髪を振り乱しているようなマッドサイエンティストを思い浮かべるかもしれないが、実際は若い天才肌の大学生である。

彼は一二歳のときに出会った書物のせいで、しばらくの間、錬金術にハマってしまう。しかし

図4－1　メアリー・シェリーの肖像画（左）と『フランケンシュタイン』1831年版の扉（中）、およびイギリス出身の俳優ボリス・カーロフの扮する有名な「怪物」像（右）

一五歳くらいまでには、それが過去の遺物だと理解して、自然科学の勉強に邁進する。ただ鉛を金に変えるとか、不老不死の薬をつくるといった類の、奇跡的なことをなしとげたい衝動は残っており、それが彼を「生命の創造」へと駆り立てていく。

第三章にご登場いただいた車さんは、光合成をして分裂もする人工細胞をつくりだそうとしていた。その材料のほとんどは生きている大腸菌から取ってきたり、大腸菌につくらせたりしたものばかりである。無生物的に合成されたものではない。つまり生きものをバラして、また組み立て直すようなものだ。そういう意味では「フランケンシュタインの怪物」をつくるのにも似ている。

ただ厳密に言うと、シェリーの描いた怪物の体は、すべて墓場などから掘り起こされた死体の寄せ集めであり、生きている人間から取りだしたようなものは使われていない。また、集めたものを組み合わせただけではなく、詳細は描かれていないが「命を与える」という過程をふんでいる。つまり、勝手に生命体として蘇り、動きだしたわけではない。

しかし、その小説が発表されて二〇〇年後の今日、まさに大腸菌を一度ちゃんと殺してから、再び蘇らせようと目論む新進気鋭の研究者がいる。東京大学大学院工学系研究科講師の田端和仁（たばたかずひと）さんだ。さすがに大学生ほどではないが若手で、ちょっと見上げるほどに背が高い。しかもがっしりとした、アメフト選手のような体格である。

取材でお目にかかったとき、失礼ながらフランケンシュタインの怪物のイメージが、脳裏をちらりと過（よぎ）ってしまった。

この田端さんの研究も、厳密に言うと、複数の死体から部品を集めるのではなく一個の菌を丸ごと使うので、むしろ「大腸菌のゾンビ」をつくる研究とみなすこともできる。ただ、ゾンビは動きまわって生きているように見えても、あくまで腐りかけた死体という設定らしいので、やはり喩（たと）えるならフランケンシュタインの怪物がより適切だろう。

## 細胞のサイボーグをつくる

フランケンシュタインと同じ野心を抱いてはいるが、田端さんは錬金術にかぶれたことがあるわけではない。もともとのきっかけは、所属している研究室で開発したマイクロデバイスである。

見た目は小さな薄いガラス板だ。顕微鏡のプレパラートに使うカバーグラスと、素材は同じものだという。その一・五センチメートル角くらいの板に、半導体チップをつくるのとまったく同じ方法で、ミクロン単位の穴が一〇〇万個ほど開けられている（図4-2）。こういう微細な構造があると光が回折して、やはり無数の穴が開いているCDやDVDと同様、角度によっては虹色に光って見える。

なぜ、このデバイスを開発したかというと、第一の目的は膜タンパク質であるATP合成酵素の挙動を、その部品となっている分子一個一個の単位で調べるためだ。膜タンパク質やATP合成酵素については、127～130ページで詳しく述べた。ちらっと図3-13を眺め直してもらえれば、思いだすだろう。

マイクロデバイスの話に戻ると、一〇〇万個あるミクロの穴には、細胞膜と同じ脂質二重膜で蓋をすることができる。この膜にATP合成酵素を組みこんで、動きを観察しようというわけだ。

他にもさまざまな膜タンパク質を組みこんで、それらの働きを調べたりできるのだが、田端さんはまったく別の使いかたを思いついた。「マイクロチャンバー」と呼んでいるその穴の中に、大腸菌の中身を封じこめるのだ。これが「怪物」創造の第一歩となる。

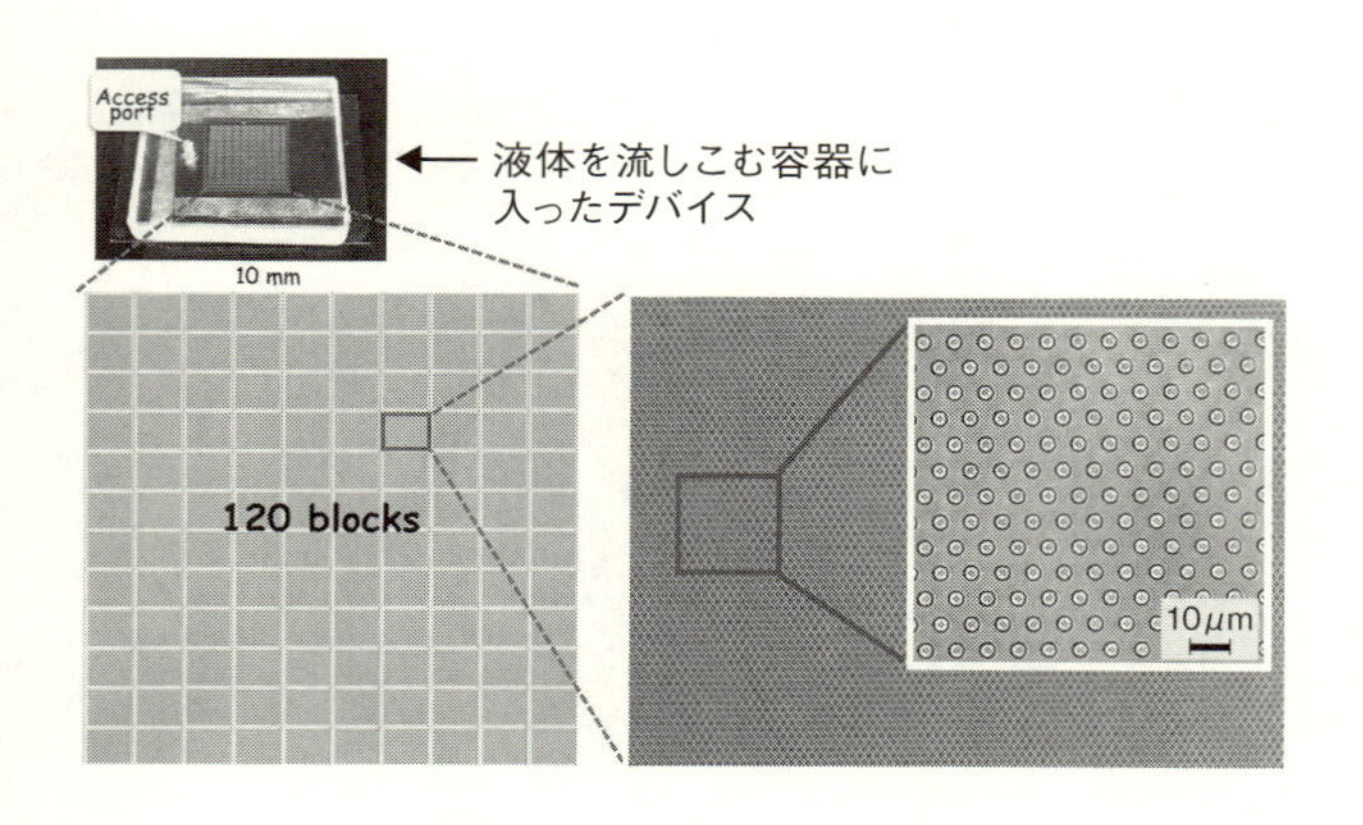


図4－2　マイクロデバイスを顕微鏡で拡大していくと、100万個以上の小さな穴が整然と並んでいることがわかる。デバイスは液体を流しこむための容器に入れられている（提供／田端和仁氏）

「実はマイクロチャンバー一個の容量は数フェムトリットルで、ちょうど大腸菌一匹の体積に相当します」と田端さんは言う。フェムトというのは一〇〇〇兆分の一（一〇のマイナス一五乗）を表している。ミリ、マイクロ、ナノ、ピコと一〇〇〇分の一ずつ小さくなっていって、フェムトはピコのさらに一〇〇〇分の一だ。

しかもチャンバーには脂質二重膜で蓋をすることができる。これがまた好都合だった。

大腸菌の細胞壁を酵素処理で剝がしてやると、細胞膜に包まれただけの状態になる。これを、「プロトプラスト」と呼ぶのだが、外見としては第三章で触れた「L型菌」と同じだ。この状態でチャンバーの蓋に接触させると、どちらも同じ脂質二重膜なので、融合し

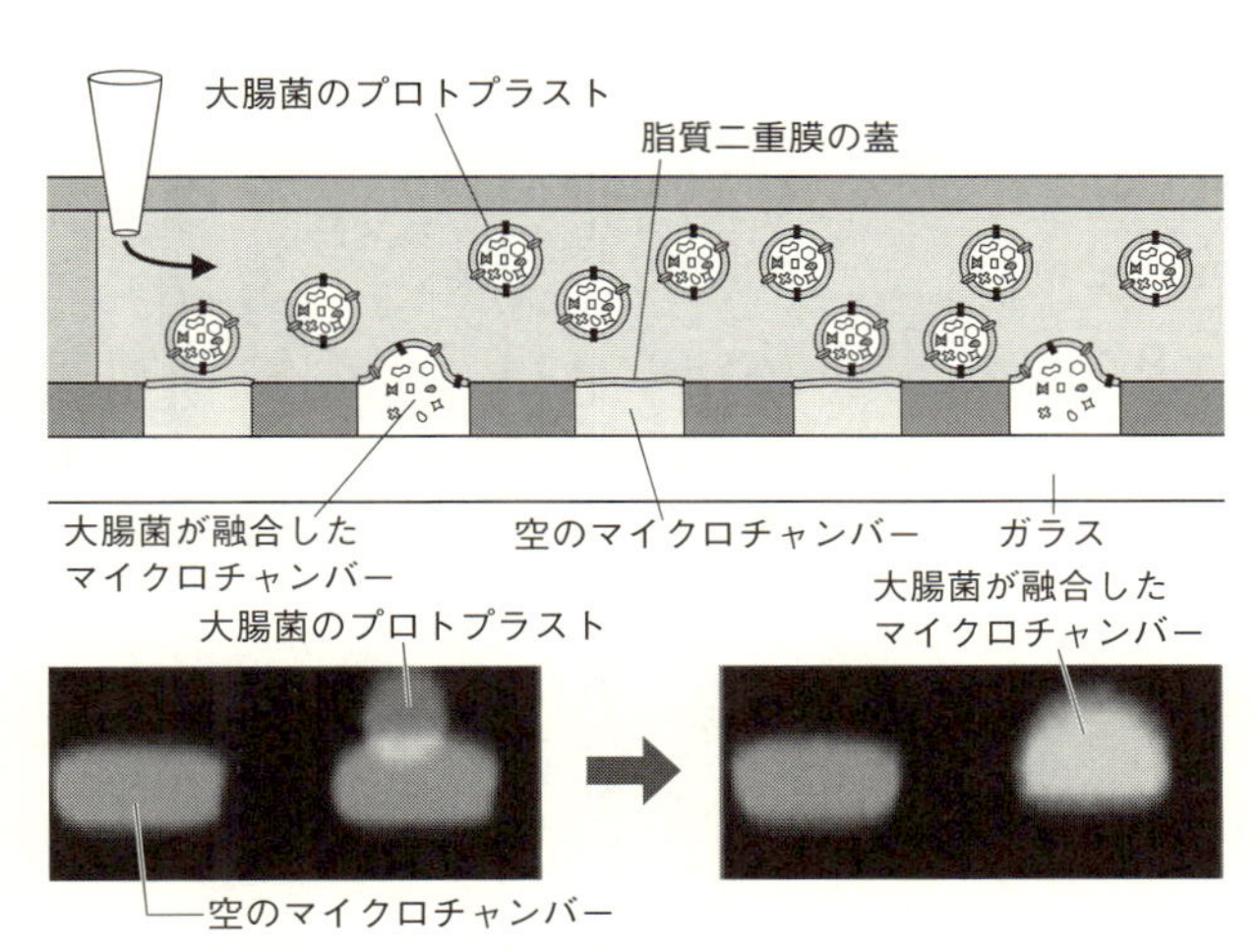


図4－3　大腸菌が入った液体を流したときのマイクロデバイスの断面。上は模式図で、下は撮影された画像（提供／田端和仁氏）

てしまう。すると、大腸菌の中身は、丸ごとチャンバー内に移るはずだ。

実際にやってみると、マイクロデバイス上には予想通り、大腸菌の中身入りチャンバーがいくつもできた。断面を見れば、蓋がレンズ状に盛り上がってマフィンっぽくなっているのがわかる（図4－3）。

「これらを我々は勝手に『ハイブリッドセル』と呼んでいます」と田端さん。「人工物と細胞が融合したもの、という意味です」

通常の細胞は細胞膜だけに囲まれているが、ハイブリッドセルの場合は、一部がガラスの壁になっている。ダジャレっぽいが「細胞のサイボーグ」と言ってもいいのかもしれない。

このハイブリッドセルで、いったい何がし

たいのか？　すなわちフランケンシュタイン実験である。

## 大腸菌を潰して生き返らせる

基本的に細菌には「寿命がない」と考えられている。生物が老いて死ぬようになったのは、有性生殖で子孫を残すようになってからだ。

我々の細胞の多くは、一定の回数、分裂をくり返すと、アポトーシス（自死）といって自己崩壊するよう遺伝的にプログラムされている。しかし細菌にそのような仕組みはなく、いくらでも無限に増えつづける（前項で触れたヒーラ細胞は人間の細胞だが、がん化したせいで同様に死ななくなっている）。

寿命がないといっても、熱湯をかけたり紫外線を当てたりして殺せば死ぬ。プチッと潰しても死ぬ。その潰れて出てきた中身を、すぐに脂質二重膜でできた袋——第三章ではキッチンでつくってみたこともあるベシクル——に入れてみたら、再び細菌として蘇るだろうか？　パーツは全部揃っているのだから、不可能ではないかもしれない。しかし、現時点では非常に難しい。理由は主に二つある。

一つは潰されて細胞膜が破れたとたん、中身が周囲の液体（通常は培養液）に拡散してしまうからだ。自分と外との境界がなくなり、無限に希釈されてしまうことが、まさに死ぬことだといえる。

「そもそも細胞の中にはタンパク質や核酸がギチギチに詰まっていて、簡単には流動しないくらいの濃度になっています」と田端さんは言う。それをATPの働きによって固まらず動くようにしているらしい〔注34〕。逆に生きるためには、細胞の中身がその程度に濃くなければならないわけだ。だから三倍、四倍と薄まってしまったものをベシクルに入れても、生物としての機能は果たさない。

では、なるべく薄まらないように、培養液などを減らして潰せばどうだろうか。やってみたことは、あるらしい。遠心分離機を使って大腸菌だけのペレット（塊）をつくり、ちょっと乾かしたものを超音波破砕機で壊そうとした。しかし、もともとの濃度が高すぎて粘土のような状態になってしまい、壊れているのかどうかさえわからない。それをちぎって使うというのも、現実的には非常に困難だった。

逆に、液体中で細胞を壊してから水分を蒸発させるという方法もあるが、結果的にはやはり粘土のようなものができて、同じくらい取り扱いが困難な状況になるそうだ。

そして、もう一つの理由は細胞膜の問題である。やはり第三章で触れたが、ベシクルの脂質二重膜はただの膜であって、内と外を分ける以外に何の機能もない。そ

〔注34〕通常、流体（気体や液体）中の微粒子は、分子の熱運動によって不規則に動いている。これを「ブラウン運動」と呼ぶが、細胞の中でも同じことが起きている。しかしATPがなくなると、細胞内の流動性が極端に減少するという報告がある。するとブラウン運動でさえ、目立たなくなってしまう。

こに大腸菌の中身を閉じこめても、ミクロの標本ができるだけだ。ベシクルを本物の細胞膜とするには、栄養をとりこんだり老廃物を出したりする「穴」をはじめ、さまざまな膜タンパク質を組みこむ必要がある。

こうした困難を解決するために、うってつけだったのがマイクロチャンバーだった。

大腸菌のプロトプラストがチャンバーの蓋と接触したとき、細胞膜には一瞬、穴が開くはずだ。だから卵を割ったときのように、中身がでろんとチャンバー内に移る。しかし蓋と細胞膜とが融合するため、チャンバー外の液体中に拡散してしまうことはない。チャンバー内にも「バッファー（緩衝液）」と呼ばれる水に近い液体を入れてあるが、それと混じったとしても、せいぜい二倍に薄まるだけだ。

そして単なる脂質二重膜だった蓋は、いまや細胞膜と一体化しているから、そこには大腸菌の膜タンパク質が組みこまれている。したがってハイブリッドセルは、外界との境界が部分的に人工物（ガラス）で、融合時に少し中身が薄まっていることを除けば、一匹の大腸菌と「等価」なのだ。しかも、一瞬とはいえ細胞膜が破けたことで、死んではいないかもしれないが、死にかけたくらいの経験はしている。

プロトプラストの細胞膜が脂質二重膜と融合するなら、相手はマイクロチャンバーじゃなくてベシクルでもいいのではないかと思う人はいるだろう。

おそらくその通りで、融合はするのだろうが、何しろ大腸菌もベシクルも、液体中にふわふわ浮いているわけで、いつどこで融合が起きるのかを特定するのは非常に難しい。たまたま大きな脂質二重膜の袋を見つけたとしても、それが融合したものなのか、もともと大きかったベシクルなのかは判別できない。

その点、マイクロチャンバーなら最初から等間隔に整然と並んでおり、そのまま動かないから、顕微鏡下で観察すれば、ハイブリッドセルになった瞬間を明確にとらえることができる。

田端さんが使っている大腸菌には、あらかじめ緑色蛍光タンパク質（GFP）をつくる遺伝子が組みこまれており、紫外線や青色光を当てれば緑色に光る。プロトプラストのときは小さな点だが、ハイブリッドセルになるとチャンバーの大きさにパッと広がるので、一目瞭然だ。

## ハイブリッドセルから大腸菌が生まれた？

さて、このハイブリッドセルは生きているのだろうか。

それを確認するために、田端さんはまず、融合後もGFPがつくられ続けているかどうかを調べた。それは緑色の光が時間の経過とともに、明るくなっていくか暗くなっていくかを見ればわかる。明るくなれば、タンパク質の合成が続いているということだ。

その結果、チャンバーに入っていた液体が、ほとんど水のようなバッファーだった場合、融合後の明るさ（蛍光強度）は変化しないか、下がり気味だった。だが、このバッファーをＡＴＰの入ったものにすると、蛍光強度の上がるハイブリッドセルが出てきた。

さらに数種のアミノ酸を加えると、やはりセルによっては蛍光強度が上がっていく。しかし、ＡＴＰやアミノ酸とともに、タンパク質合成を止めてしまうクロラムフェニコールという薬を入れると、明るくなるセルはまったく現れなくなった。

このことから、ハイブリッドセルはタンパク質を合成できることがわかった。

次に田端さんは、チャンバーの中にプラスミドという環状のＤＮＡを入れておき、そこにプロトプラストを融合させた。このＤＮＡにはβ（ベータ）－ガラクトシダーゼという酵素をつくる遺伝子（注35）が入っていて、実際に酵素がつくられれば、試薬との反応でＧＦＰとはまた異なる蛍光を観察できる。

つまり、ＤＮＡを読んでｍＲＮＡ（伝令ＲＮＡ）に転写し、その情報をもとにリボソームでタンパク質を合成するという「セントラル・ドグマ」が、ハイブリッドセルでも働いているかどうかを検証したのだ。するとセルはちゃんと光って、その強度も上がっていくのがわかった。したがってセントラル・ドグマは稼働している。

さらに田端さんは、めったにないことだが驚くべき現象を目撃した。何とハイブリ

〔注35〕大腸菌は本来この遺伝子を持っているが、融合させるプロトプラストでは、それが発現しないようになっている。

ッドセルから、新たな細胞らしきものが飛びだしてきたのだ（図4－4、図4－5）。

細胞壁を剝がしてしまった大腸菌の「分裂装置」は、もはや機能していないと思われる。しかし、タンパク質や脂質の合成が進んでいって体積が増えれば、不安定になって娘細胞のようなものがちぎれてきてもおかしくないと予想されていた。やはりL型菌の分裂と原理は同じである。

実際に映像を見せてもらうと、にょろにょろと管状のものが生えてくるところが、よく似てい

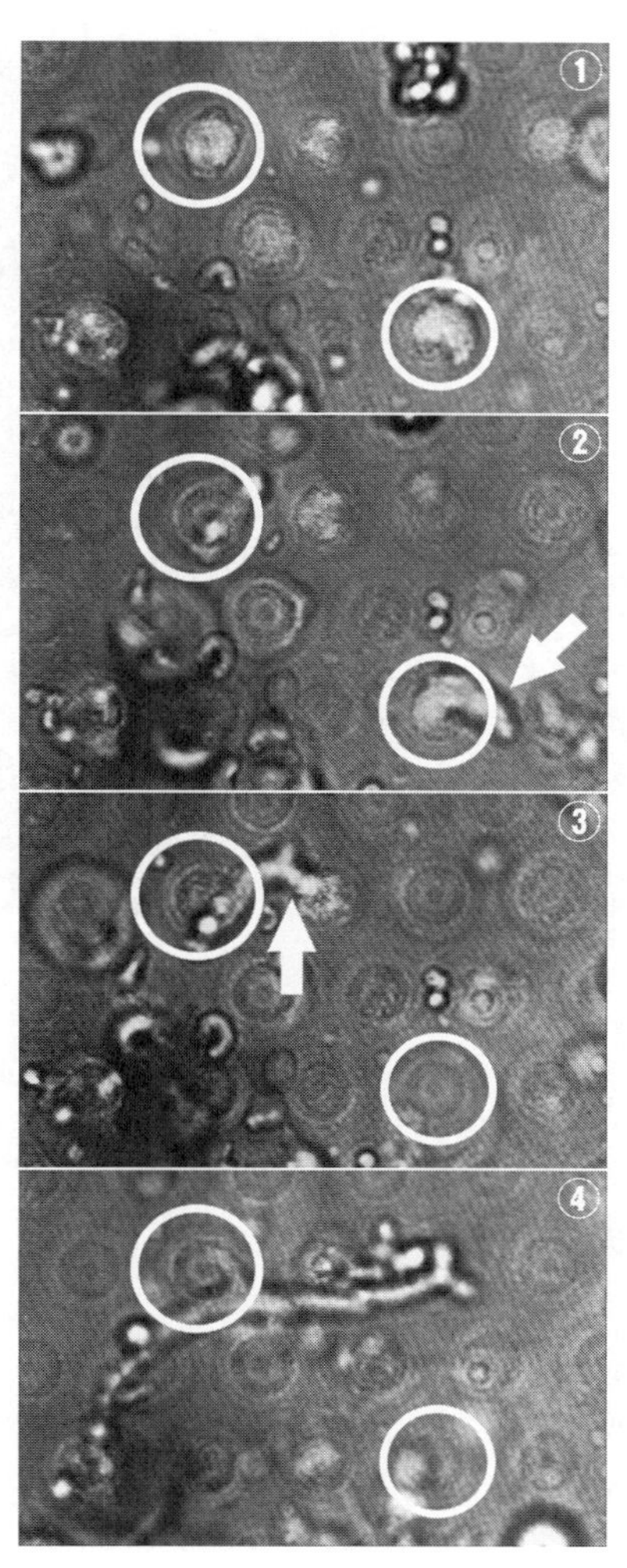


図4－4　丸で　んだハイブリッドセルから、管状のものが出てくる（提供／田端和仁氏）

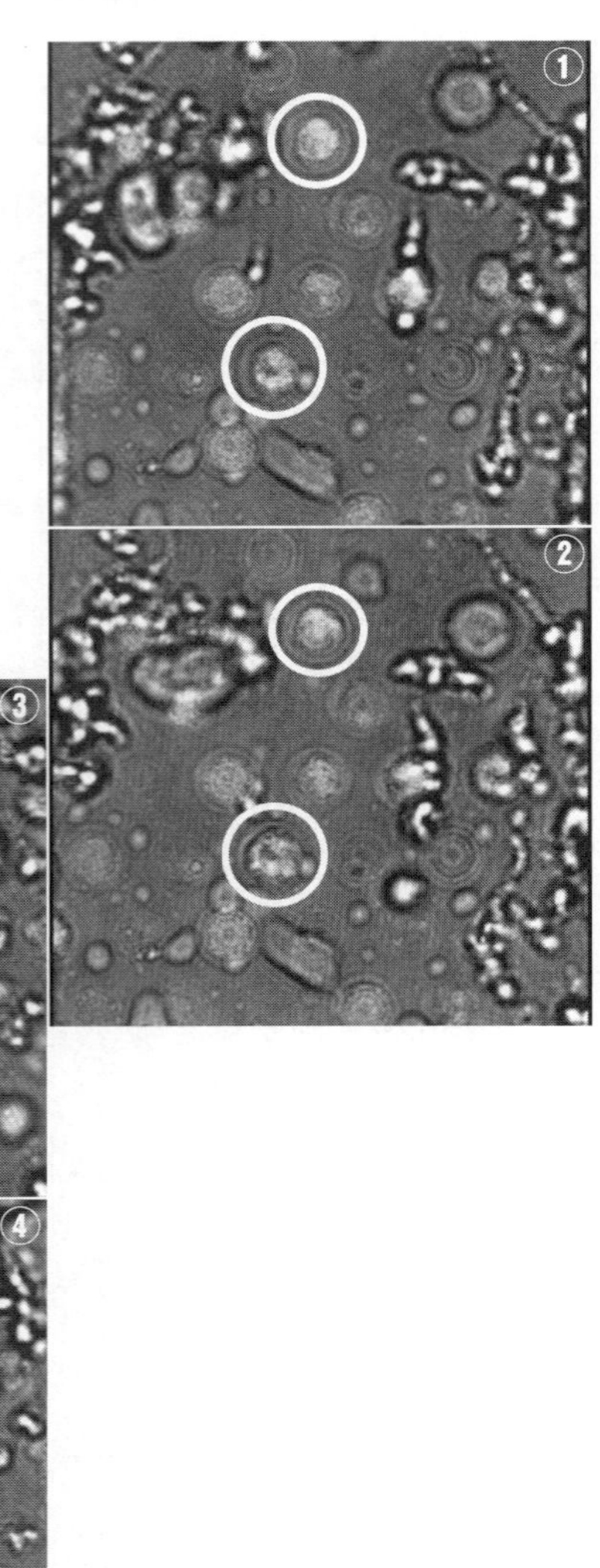


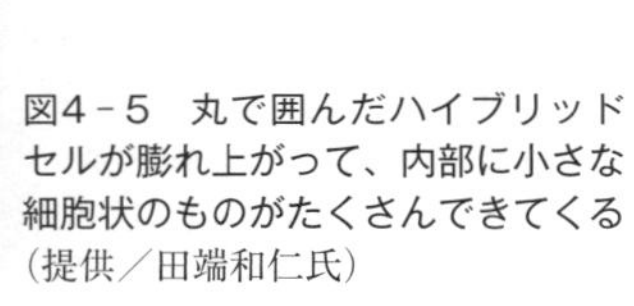

図4－5　丸で囲んだハイブリッドセルが膨れ上がって、内部に小さな細胞状のものがたくさんできてくる（提供／田端和仁氏）

た。図3-19とも見比べてみてほしい。ただ、ハイブリッドセルからは不定形な細胞ばかりでなく、まさに大腸菌と同じ桿菌の形をしたものも飛びだしているようだ。

「これはハイブリッドセルを数ヵ月培養していて、一回あるかどうかという出来事です」と田端さんは言う。「しかし複数回、見つかっているので、基本的にハイブリッドセルは、条件さえ整えば大腸菌に戻れるんじゃないかと考えています」。

残念ながら、飛びだしてきた細胞らしきものを培養して、正体を突きとめるまでには至っていない。ハイブリッドセルをリアルタイムでずっと観察しつづけていることはできないので、基本的には、映像を撮っておいてあとから確認している。そこに分裂しているらしき状況が映っていても、出てきたものがどこへ行ってしまったか、もはやわからなくなっているのだ。

いずれにしてもハイブリッドセルは代謝をし、子孫もつくれるという可能性が濃厚になってきた。どうやら「生きている」と言っても、よさそうである。

## 大腸菌の中に大腸菌を入れる

ハイブリッドセルは生命の起源や進化にも、重要な示唆をもたらしてくれる。

第一章で触れたが、近代微生物学の祖ともいわれるルイ・パスツールは、有名な「白鳥の首フラスコ」実験で、微生物が自然発生しないことを示した。言い換えれば「微生物は微生物からしか生まれない」ことを証明したのである。

その場合の微生物とは、今の言葉でいえば、天然の脂質二重膜だけで囲まれた細胞が想定されていただろう。しかし、ハイブリッドセルから大腸菌が生まれたとするなら、半分がマイクロチャンバーという人工物であってもいいことになる。

このチャンバーは、必ずしもガラス製である必要はない。実験には使いづらいだろうが、石や粘土でもかまわないのである。すると、似たような状況が四〇億年前にあったかもしれないことに気づく。

海底熱水噴出域のような場所では、鉱物の表面などに細胞サイズの穴や窪みが、無数にできることがある（図4－6）。その穴や窪みの中では、原始的な代謝と呼べる一連の化学反応が発生しうる。すると、代謝によってできた脂質やアミノ酸の膜が、穴や窪みを屋根のように覆っていったかもしれない。

そして四〇億年前のあるとき、代謝系を丸ごと包みこんだ膜の袋が、ポコッと穴や窪みから出ていった可能性もある。それが最初の原始的な細胞だったかもしれない。

もし、こういうことが実際に起きたのだとしたら、ハイブリッドセルから細胞らしきものが飛びだしてきた瞬間というのは、四〇億年前の出来事を部分的に再現していることになる。

もう一つは、細胞の初期進化に関わる話だ。ちょっとエグいかもしれないので、気の弱い方は読み飛ばしていただきたい。

マイクロチャンバーの中には、サイズさえ合えば何でも入れられる。通常は特定のタンパク質とか、何かの遺伝子をコードしたDNAなどを入れるが、実は細胞壁を剝がしていない普通の大腸菌を丸ごと入れることもできる。

大腸菌を入れて脂質二重膜で蓋をしたチャンバーに、大腸菌のプロトプラストを融合させたら、どうなるか？　大腸菌の入った大腸菌のハイブリッドセルができる。つまり、入れ子状態だ。

図4－6　無数の穴がある硫化鉄のチムニー
（https://www.ncbi.nlm.nih.gov/pmc/articles/PMC1693102/pdf/12594918.pdf）

田端さんは実際に、そのようなミクロのマトリョーシカをつくった。そして観察していると、ⓐチャンバー内にいた大腸菌がハイブリッドセルの中身を食べて分裂するか、ⓑハイブリッドセルが中にいる大腸菌を破裂させて食べるか、どちらかが起

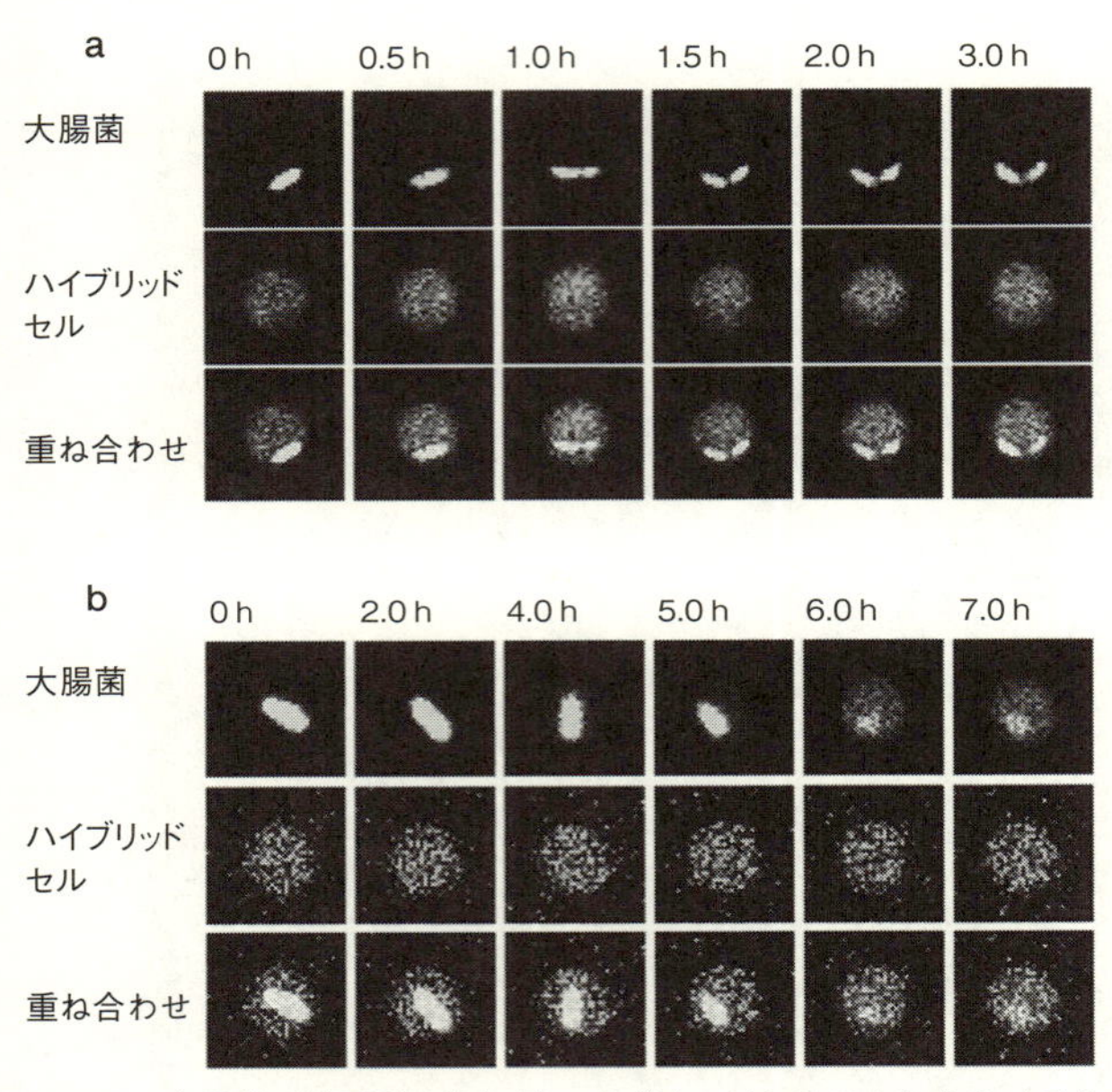


**図4－7　大腸菌（楕円形の粒）がハイブリッドセルの中身を食べて分裂するところ（a）と、逆に大腸菌がハイブリッドセルの中で破裂してしまうところ（b）**

上の数字のラベルは時間経過（h＝1時間）を現す。全体の様子は「重ね合わせ」の列に示されているが、わかりやすくするために「大腸菌」だけの様子と「ハイブリッドセル」だけの様子が上の2列に示されている。(a) では1時間後に大腸菌が分裂を始めている。(b) では6時間後に大腸菌が破裂している。（提供／田端和仁氏、出典：Yoshiki Moriizumi 他「Hybrid cell reactor system from Escherichia coli protoplast cells and arrayed lipid bilayer chamber device」Scientific Reports (2018)）

きた（図4－7）。つまり食うか食われるか、である。

頻度的には⒜のほうが多かった。しかも、通常の培養液中にいる大腸菌に比べて、三倍以上の個体が分裂した。「つまり大腸菌の中身は大腸菌にとって、すごくいい栄養だということです」と田端さんは、にっこりしながら言う。

食うか食われるかという状況は、同じ大腸菌だから起きるのかもしれない。たとえば枯草菌のような別種の細菌やシアノバクテリアなどを入れておいたら、むしろ共存していく可能性もある。

実際、我々のような真核生物の細胞にあるミトコンドリアや、植物細胞にある葉緑体は、もともと独立した細菌やシアノバクテリアだったという説がある。それが一〇億～二〇億年ほど前、真核生物の祖先に飲みこまれて、しかし消化はされずに、その一部となってしまったというのである。だからミトコンドリアや葉緑体は、細胞核のＤＮＡとは異なる、独自のＤＮＡを持っている。

アメリカの生物学者リン・マーギュリス（一九三八～二〇一一）が唱えたこの「細胞内共生説」は現在、広く受け入れられているが、まだ完全に証明されたというわけではない。田端さんは、合成生物学的な手法で、それを検証しようとしているのだ。その前段階というか、テスト的に、大腸菌を入れてみたということらしい。

「それは入れやすかったからですか？」と聞いてみると、「まあ、ノリです」と、またにっこりして答えた。

さらに突っこんでみると、どうやら細胞内共生説の検証で終わるつもりはなさそうだ。

「ハイブリッドは別に何種類のハイブリッドであってもいいので、今回は大腸菌しか入れていませんが、さらに枯草菌を融合させるでもいいし、哺乳類の細胞を融合させるでもいいし、いろいろなものを融合させていって極端なハイブリッドをつくることもできます。

そのときにできるものは何か？　それだけ混ざってしまうと、そこから（マイクロチャンバーを出て）生物に戻るということはないと思いますが、もし何かが出てくるようであれば、それはどんな生きものですかという疑問がわいてくる」と楽しそうに語っていた。

## 細胞の「死」を定義する

さて、フランケンシュタイン実験の話を続けることにしたい。そう、まだ終わっていなかったのである。なぜなら大腸菌のプロトプラストは、ハイブリッドセルになるときに膜が破けて、一瞬、死にそうな思いはしたかもしれないが、実際には死んでいない。したがって田端さんの目的は、まだ達成されていないのである。

「自分としては、ハイブリッドセルが一回死んだ状態というのをつくって、そこから細菌を再生させたいんです」と田端さんは言う。「死んだ状態になったあと、何かパータベーション（刺激、揺さぶり）をかけていったら、そこからまた細胞が再生してきましたという結果を出したい」

ここで「パータベーションをかける」というのは、まさしくフランケンシュタインが怪物に生命を与えた、仕上げの手順を思い起こさせる。原作小説では「命の火花を点ずる」といった程度に、あっさりと書いてあるだけだが、映画などでは雷が鳴り響き、テスラコイルのような機械から稲妻放電が駆け巡っている場面だろう。いや、大腸菌相手に、そんな大がかりなことはしないと思うが――。

田端さんは続ける。

「何か刺激を入れたときに、そこからポンと何かが出てきましたとなれば、死んだものから生きたものをつくれたことになります。その死んだものというのが単なる物質であるなら、そこから生命ができたと捉えることもできるので、そういうのにはチャレンジしたいと思っています」

つまり死体を利用した「生命の創造」だ。しかし、煮たり焼いたり潰したりせずに、どうやってハイブリッドセルを殺したらいいのだろう。どのような状態になれば、細胞が「死んだ」ということにできるのか。

その「死」の定義がわかっていないし、田端さんによれば「そもそも生や死をめぐる議論は、まだ哲学の領域を出ていません。サイエンスにしようと思ったら必ず定量化して、誰でもがわかる値や定義を示す必要があります。それはまだ、ちょっと厳しい」。

とりあえず今、着目しているのは、細胞の中にあるＡＴＰの濃度だ。

大腸菌は比較的、活発に動きまわり、条件がよければ二〇分に一度という速度で分裂する。しかし、他のほとんどの細菌は、もっとのんびりしている。極端な例だが、南極や深海といった低温や貧栄養の環境から見つかる細菌の中には、半年に一回とか、数年に一回しか分裂しないと考えられているものもいる。このような細菌は観察していても、生きているのか死んでいるのかわからない。

大腸菌にしたところで、もし何時間も分裂せずに、じっとしている個体があったとしても、それが死んでいると決めつけるのは難しい。次の数分間に突然、分裂する可能性もあるのだ。二〇分に一度というのは、あくまでも平均値である。

ただ、ＡＴＰの濃度などを指標にして、判定できる可能性はあるようだ。実際に、その方向での研究は進められている。未発表なので具体的には書けないが、有望な成果が得られつつあるらしい。だが、いずれにしてもシャープな線引きは難しそうだ。

「一〇〇％生きているとか、死んでいるとか言うのは無理だと思っています」と田端さんは言う。「でも、たとえば三〇％死んでいるとか、六〇％死んでいるとか、そういう定義のしかただったら、できなくはないかなと思っています」

つまり往年の人気漫画ヒーローのように「おまえはすでに死んでいる」とは言えない。

「細胞内のATP濃度や、あるいはブラウン運動（流動）の量などから判断していって、いろいろな統計データを積み上げていく。そうすると『これくらいブラウン運動をしているやつらは、確率的に何時間待てば分裂します』みたいなのが出てくる。それをもとにして、生きている死んでいるの分布を描く。すると『おまえは何％死んでいるよ』と言えるようになるかもしれない。明確なラインというよりは、ブロードなボーダーというイメージです」

## そして「怪物」との遭遇

このように「死」を定義することが、もし可能になったとしよう。すると、たとえば九〇％以上死んだ状態を、事実上の「死」と規定できる。「今日の降水確率は九〇％以上」と言われれば、たいていの人は傘を持って外出するだろう。それと同様な判断だ。

そしてハイブリッドセルにATPの合成を妨げる薬などを入れて、九〇％以上死んだ状態にもっていき、一定時間後にATPを注入して、生き返る（分裂する）かどうかを試す、という実験はできそうだ。若干、歯切れの悪さは残るかもしれないが、それが現実的なフランケンシュタイン実験といえるだろう。

ところで、小説に出てくるフランケンシュタインの怪物は、非常に複雑な人格をもつ魅力的なキャラクターだ。読む人はおそらく、自分の中にある何がしかの特徴を、怪物の中にも見いだすのではないだろうか。その繊細で豊かな感受性、高度な知性、気高さ、そして愛への渇望と孤独、憎悪、狂気、悲哀……それらのいくつかを、たいていの人はもっている。だから物語に引きこまれてしまう。名作たる所以(ゆえん)である。

怪物はフランケンシュタインに対して、こんなセリフを吐いている。

---

もし、おまえが俺を氷の裂け目に突き落として、自らの手でつくったこの体を破壊できたとしても、それを殺人とは言わないいんだろう。人間が俺を侮蔑するのに、俺は人間を尊重せねばならんのか？

たがいに親切にしながら、人間が俺と一緒に暮らすとしよう。そうしたら俺は害をおよぼすどころか、受け入れてくれたことに対する感謝の涙をもって、人間にあらゆる利益を与えることだろう。

だが、それは実現しない。人間の心根こそが、我々の結びつきに対する越えられない障壁になっているからだ。（訳／藤崎慎吾）

「人間の心根」というのは大きなキーワードだ。フランケンシュタインの大腸菌が誕生したとき、我々はそれに対して、どのような気持ちを抱くのだろうか。その細胞の中に、我々自身の何を見いだすだろう。今から楽しみである。

## 3 「人知れぬ命」と「生まれていないもの」の墓

### 酒蔵の敷地に建つ奇妙な「塚」

茨城県常陸太田市の山間に、古い酒蔵の跡がある。三〇〇年ほど前に建てられ、「金波寒月」という銘柄の日本酒をつくっていた。しかし惜しまれつつも一九六二年に閉じられた。

長い間その施設は放置されていたのだが、二〇一五年から地元の有志の方々によってリフォームされた。酒造りはしていないものの、今ではコミュニティーステーション（地域活動拠点）としてさまざまな催しや用途に使われている。

小川も流れる広大な敷地には古い井戸が二ヵ所にあって、一方はめったに見かけることのない「つるべ井戸」である。残念ながら今は、どちらも使えない状態だ。

しかし山からの清冽な水が醸造所の中にも引きこまれており、床に通された溝で、さらさらと音をたてている。それに耳を傾けながら、桟の入った大きな窓や、木造の高い天井を見上げてい

図4－8 「金波寒月」という酒蔵の醸造所だった建物の内部（上）。敷地には「つるべ井戸」がある（下）

図4－9　酒蔵跡の裏庭に建てられた２基の塚

ると、時が半世紀前に巻き戻されていく（図4－8）。

そんな酒蔵跡の裏庭の片隅に、新しいけれども奇妙な塚が二基、並べられている。僕が訪ねたときには、あいにくの雨だったが、両脇にロウソクの火が灯（とも）されていた。

向かって右側の縦長の石には「微生物之塚」、そして左側の横長の石には「人工細胞・人工生命之塚」と彫られている。文字の周囲には、不思議な絵や記号もちりばめられていた。まったく予備知識のない人が見たら、怪しげな新興宗教を想像するかもしれない。

それぞれの塚の裏側には一応、由緒が書かれている。「微生物之塚」のほうには、こうある。

「人々の暮らしに豊かな実りをもたらしてくれる発酵微生物たちに深い感謝と畏敬の念を表する。また、人知れず命を紡いできた無数の微生物たちにも思いを馳せ、ここに謹んで微生物之塚を建立する」

つまり、これは一種の「慰霊碑」なのだ（図4－9）。

微生物を慰霊するとは、いささか風変わりだが、理解できないこともない。どうも日本人は、こういうことが好きである。よく探せば国内には、人間以外を対象とした慰霊碑や塚などが、あちこちにある。

わりとよく見られるのは、使役していた馬を供養する「馬頭観音像」だろうか。農作物の害虫を駆除したときなどに建てる「虫（蟲）塚」も、比較的多いらしい。ほかにも海辺には、鯨や魚介類を祀った碑が建てられていたりする。実は「菌塚」も京都の一乗寺などにあって、これは「微生物之塚」に性格がかなり近い。驚いたことに、精子を供養する碑もあるという。

さらに面白いのは、生物ばかりでなく、人形や筆、包丁、茶筅、針などといった人工物の慰霊碑もあることだ。さすが八百万の神の国といった印象である。

また、日本では生命科学系の研究施設の九割ほどで、実験動物や実験生物の慰霊式が行われているという。我々の感覚としては「まあ人間の都合で苦しめたり、殺したりした生きものがいるのなら、その霊を供養して感謝しなければいけないよな」とか「供養しておかないと、ちょっと後ろめたいし、何か祟られたりしても困るな」などと自然に思うが、西欧人の目には奇異に映るかもしれない。

信仰や宗教儀礼とは縁遠いはずの科学の現場がそうなのだから、麹や酵母といった菌類を使って酒をつくり、また「火入れ」と称してその恩人（菌）を大量殺戮（さつりく）していた酒蔵に「微生物之塚」があるのは、至極当然ともいえるだろう。

さらに、常陸太田市を含む茨城県北域は、酒に限らず、納豆や味噌、醤油といった発酵・醸造産業が盛んな土地柄である。少なくとも江戸時代からはずっと、発酵微生物に支えられてきたと言ってもいい。慰霊碑を建てる理由は、じゅうぶんにある〔注36〕。

## 「頭」に見立てた塚と、そこに見開く「目」

では、もう一方の「人工細胞・人工生命之塚」の裏には何と書いてあるか。

「まだ見ぬつくられし人工細胞・人工生命たちに思いを馳せ、私たちが生命性を見いだしてきた条件や生命観の歴史を再考するよすがとして、ここに謹んで人工細胞・人工生命之塚を建立する」

たぶん、これだけを読んでも意味はわからないと思うが、要するに、まだ誕生したとはみなされていない人工細胞や人工生命を、いわば生前葬的に供養している、ややこしい塚なのだ。

これら二基の慰霊碑を建てたのは、早稲田大学理工学術院教授の岩崎秀雄（いわさきひでお）さんである。生命科学の研究者にして、切り絵を得意とするアーティストでもある。

〔注36〕由緒にもある通り「微生物之塚」は、人間が利用してきた微生物への感謝と畏敬の念を表すとともに、人間活動とは関わりなく生きて死んでいった微生物たちにも思いをはせよう、とうながしている。これは京都の菌塚を含めて、他の慰霊碑などにはない特徴である。

岩崎さんは一七歳ごろから、切り絵の表現手法や可能性をずっと追求してきた。むしろアーティストが、どういうわけか科学もやっていると言ったほうが、いいのかもしれない。また、科学思想家や科学哲学者の側面もある。やっぱり複雑だ。

実は「微生物之塚」も「人工細胞・人工生命之塚」も、岩崎さんのアート作品である。両方まとめてのタイトルは「aPrayer（エープレイヤー）」で、二〇一六年の茨城県北芸術祭に出品され、そのまま恒久的な設置物となった。「Prayer」は祈りや慰霊を意味するが、頭の「a」はartificial（人工的な）、alternative（ありうる別の）、aesthetic（美学的な）といった単語に由来するという。

アート作品を言葉で事細かく解説したり読み解いたりするのは、たぶん野暮というものだろう。実際に作品を前にして、人それぞれ何を感じるかが大事なはずだ。

でも、それではこの項が終わってしまうし、ちょっと見てきてくださいと言うには、いささか不便な場所にある〔注37〕。なので、背景となっている事実や経緯とともに、僕が理解できた範囲のことをお伝えしておきたい。

まずは目立つ特徴から——「微生物之塚」という文字の周囲にある模様は、左下から時計まわりに「コウジカビ」「麴（もやし）」「ミトコンドリア」「地元でよく使われていた醬

〔注37〕設置場所は茨城県常陸太田市折橋町799。アクセスについては次のＵＲＬを参照：http://www.waseda.jp/sem-iwasakilab/images/aPrayer_B.png

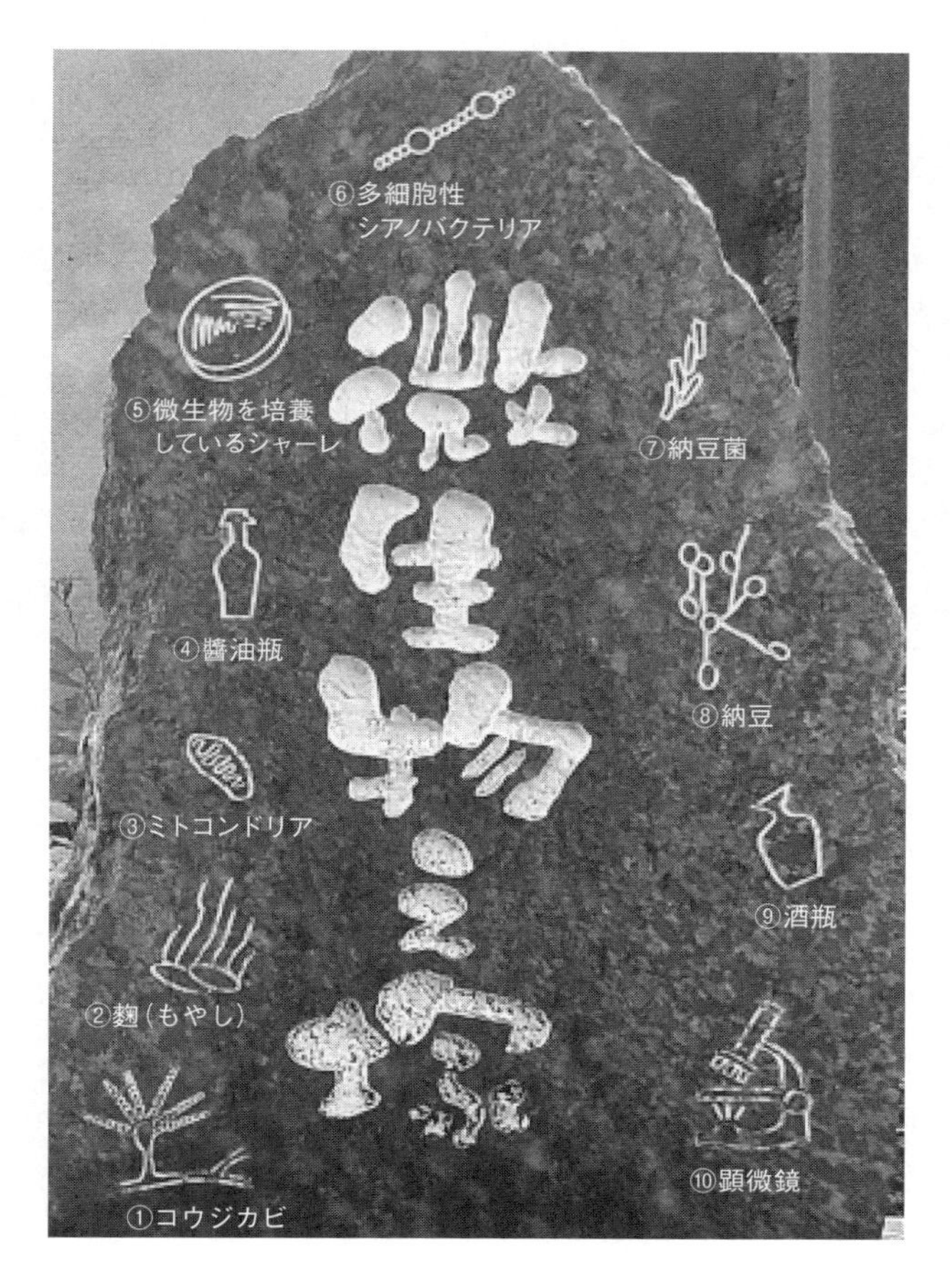


図4－10 「微生物之塚」に彫られた模様

図4－11　「人工細胞・人工生命之塚」に彫られた模様

油瓶」「寒天培地で微生物を培養しているシャーレ」「多細胞性のシアノバクテリア（藍藻）」「納豆菌」「納豆」「酒瓶」「顕微鏡」である（図4－10）。半分以上は発酵・醸造産業に関係している。

一方で、シアノバクテリアや培地、顕微鏡などは、岩崎さんの研究室でよく見かけられるものだ。実はシアノバクテリアを使った生物の「リズム」に関わる研究が、科学者である岩崎さんの専門なのである。これについては次項で詳しく紹介する。

そして「人工細胞・人工生命之塚」という文字の周囲にあるのは、やはり左下から時計まわりに「リボソーム」「フラスコの中で増殖する人工細胞」「DNAの二重らせん」「脂質二重膜」そして「目」である（図4－11）。

リボソームについては第三章で取り上げたが、

非常に複雑な細胞小器官である。岩崎さんによれば日本ではリボソームの研究が進んでおり、その合成が人工細胞実現へ向けての大きな課題になっているという。

ＤＮＡや脂質二重膜も、人工細胞には欠かせないパーツだ。しかし、いきなり「目」が出てくるのはなぜだろう。

「僕がこれらの模様の中で一番の特徴だと思っているのはこの目で、実は塚全体を頭に見立てています」と岩崎さんは語る。「つまり人工細胞は、物をどうやって生命にしていくのかという話であるとともに、どこからどこまでを生命とみなすのかという、僕らの心の問題でもあるし、見方の問題でもあるということを、この目と頭っていうところに込めているんです」。

言われてみると、この塚は地面から這いだそうとする巨大な赤ん坊の頭に見えなくもない。もし人工細胞や人工生命に擬人化した姿を与えるとしたら、こんな感じだろうか。

岩崎さんの話を素直に受け取れば、その目は我々の目であり、頭は我々の心を表している。しかし、どちらかというと僕は、人工生命たちに見つめ返されている気がした。彼らにもし感覚や認識能力があるとしたら、我々のことをどう捉えるのだろう。

## 石も生物に分類されていた時代がある

次は、文字や模様が彫られている石そのものについて——この石材は「斑石（まだらいし）」とか「町屋石」

市境近くにある。

と呼ばれている蛇紋岩(じゃもんがん)だ。「町屋」は採掘された場所の地名で、常陸太田市の東部、日立市との

結晶がつくる斑紋に特徴があって、「人工細胞・人工生命之塚」では黒っぽい筋のような「笹目」が、「微生物之塚」では白っぽくて丸い「ぼたん」が見られる。「竹葉石(ちくようせき)」という石材名もあるらしい。蛇紋岩はマントルを構成するカンラン岩などが変性した岩だ。

町屋石は柔らかくて彫りやすいのだが、風化しにくいという性質もあり、装飾石材としては非常に優れている。その利用は江戸時代、かの水戸光圀(みつくに)が水戸徳川家の墓をつくるのに使ったのが始まりで、以後、水戸藩による独占的な採掘が続けられてきた。

しかし、今はもう採られていない。かろうじて石材業者の庭に保存されていた石を、岩崎さんは譲り受けることができた。

実は常陸太田市には、約五億年前のカンブリア紀にさかのぼる「日本最古の地層」がある。そのころの日本列島は、まだ大陸の一部だった。町屋石は、この地層の中から採掘されている。四〇億年前とはいかないが、生命誕生時から現在までのタイムスケールをイメージさせる石材ともいえるだろう。

「石と生命との関係は面白い。ある意味で石は、最も生きものらしくないものとみなされがちじゃないですか。でも慰霊碑という、はかない生命を記憶するモニュメントに、それをあえて持っ

てくるというのは、どういうことなんだろうと思う。ただ、地質学的な時間スケールで見れば、堅牢な石も動的にすごく変化してしまうものであって、それ自体は、ある種の生命的なものとみなすこともできます」と岩崎さんは語る。

「実際に、石も生物に分類されていた時代がありました。たとえばリンネ〔注38〕とかは、石を動植物と同じように二名法で分類しています。彼の中では、そういう分類体系を持っていた。また『石も生きているんだけど、代謝が非常に遅いんだ』というふうに言われていた時代もありました。

一方で、人工細胞や人工生命の研究は、ある意味で石みたいな鉱物とか化学的な物質を組み合わせて生きものを創ろうとする技術であり、文化でもあるので、それから考えると、物質としての石というものと、生命を対比するというのは、なにかいろいろな軸で比較する面白さがあるなと思います。

ありきたりにバイオアート〔注39〕的な発想をすれば、人工細胞の塚だから生きものでつくるみたいなことは、わりと考えやすいんですが、あえてここはすごくクラシカルに伝統的な石でつくったほうが後々、残るというふうに思ってつくりました」

〔注38〕カール・フォン・リンネ（1707～1778）。スウェーデンの博物学者で「分類学の父」として知られる。生物の学名をラテン語の属名と種名（種小名）で表すという二名法（二命名法）を確立した。
〔注39〕生物（の一部）を素材にしたり、生命工学を応用したりして創られた芸術作品。

## 「後づけ」で認める生命

「人工細胞・人工生命之塚」の下には、実際に研究者たちがつくったさまざまな人工細胞やベシクル、アミノ酸、無細胞タンパク質合成系などが埋められている。「微生物之塚」の下に埋められたのは、パン酵母や納豆菌、納豆と藁苞（わらづと）、醤油かす、酒、酒粕（かす）、米麹などだ（図4－12）。

岩崎さんは、この慰霊碑を人工細胞や人工生命の研究者たちに見せて感想や意見などを聞き、その一部をビデオにまとめている。そこには第三章で取り上げた車さんや豊田さん、本章で取り上げた田端さんも登場する。

人工細胞に生命を与えようとしている車さんなどは、慰霊碑について「その手があったか！」と答えている。

「生きていた体（てい）にして、生きていたんだから供養しなければいけない、というふうにすると、ちょっと強引ですけれども、ああ、じゃあ生きていたんだというふうに納得せざるをえない」

ビデオでは別の研究者も似たような感想を述べている。

つまり、埋められた人工細胞や人工生命が、生物学的に生きていたかどうかはともかく、どんど、と塚を建てて慰霊してしまえば、生きていたと後から追認せざるをえないというわけだ。これは人形塚や筆塚、針塚などにも言えることで、我々はそういう文化の中に生きている。

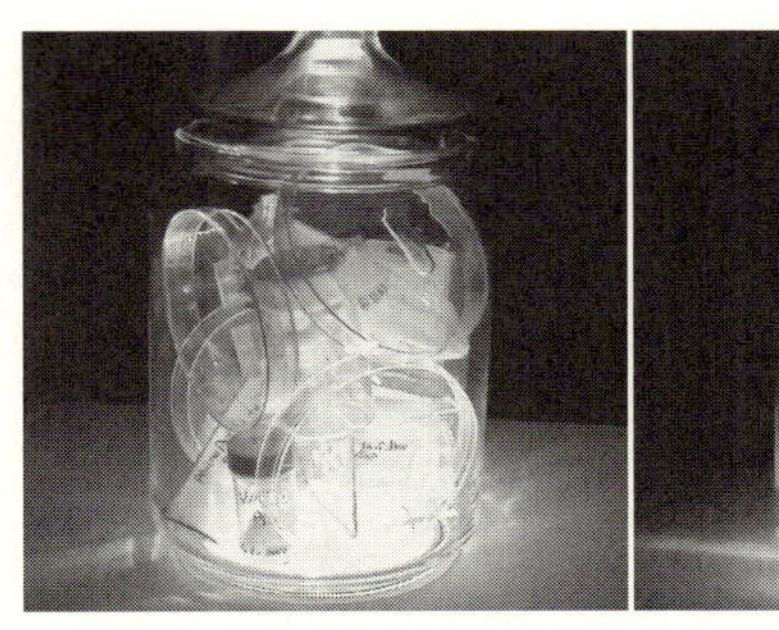

図4－12 「人工細胞・人工生命之塚」の下に埋められたもの（左）と、「微生物之塚」の下に埋められたもの（右）

発酵微生物や実験動物を慰霊するのも実は同じで、利用しているときには「道具」として扱っておきながら、あとから「やっぱり生きていたんだよね」と認めてエクスキューズを求めている。岩崎さんには最初から、それを逆手にとる狙いもあった。

「ただ、それはカリカチュアみたいな話であって、凄く戯画化された状況だと思うんです。とりあえず何でもよいから埋めておいて、祈ったら過去には生きてた、みたいな……。生命の認定として、それでよいと僕が思ってるわけではもちろんなくて、これは、生命の認定としてはどうなんだという問い立てなんですよね」と岩崎さんは語る。

「もし、それがすごく変な行為であるならば、生命科学的な生命像と、僕らが日常的に感じている生命像とが被っていない、ギャップがあるということを意味している。だとしたら、そのギャップがどういうふうに生成しているのか、という全体像を描きださないと、科学的な生命観が、日常的な生命観のどこをどう切り取っているのかがわかりません」

## 「生命」に含まれる重層構造

第二章と第三章では「生命とは何か」という問題を、なるべく自然科学的な視点から扱おうとしてきた。それでも研究者によって意見は分かれるし、そもそも自然科学だけで定義しようとするのは無理がありそうだとわかってきた。では、どのような視点を取り入れればいいのか。

岩崎さんは、ある一般向けの講演（注40）で次のように語っている。

生命に関しては少なくとも2種類の捉え方があると考えていて、一つは自然科学が対象としている生命です。たとえば、化合物の集合体として存在している物の中に、生き物の本質を見ようとする捉え方が代表的です。そこには特定の構造や、特定のふるまい（生命を特徴づける性質）があるだろうと。よく言われているように、たとえば遺伝をしたり、膜によって内と外が分けられていたり、増殖機能があったり、進化したり、外とエネルギーや物質をやりとりしたり（代謝）というような性質ですね。（中略）

〔注40〕岩崎秀雄「"生命をつくる"ということに関する2、3の補助線」NEXT WISDOM FOUNDATION（2018）http://nextwisdom.org/article/3131

でも、僕たちが日常的に感じている「生命」は、何かこうした自然科学的な定義とは違う文脈で捉えられていると思うんです。赤ちゃんが生まれるとか、親しい人が亡くなるとか、親しくなくてもいろんな人に想いを寄せるとか。「命」を考えるときに、必ずしも自然科学的な枠組みで考えているわけではないですよね。どちらかというと、自分が自分以外の人や対象との関係性の中で育むような生命観があるわけです。（中略）

自然科学的な生命観では、生命性は対象の中に宿ります。でも、より日常的な場合の生命性はどこに宿るかというと、特定の対象と自分との関係性の中に生命性が宿るという感じになります。僕たちにとって「あ、生きてる」と思えたり、もっと主観的で情動的なものだったり。

これでも、まだ単純化しているのだと岩崎さんは言う。自然科学は「対象の中に」、つまり個々の生物の内部に生命の本質を見いだそうとする。しかし、そうした観点にも「ＲＮＡが大事だ」「いや膜が大事だ」「代謝だ」「増殖だ」「進化だ」などなど、いろいろな考えや立場がある。それは第一章から本章に至るまでの随所で述べてきた。

一方の「対象との関係性に宿る」生命も、一筋縄ではいかない。対象というのが人間なのか他の生物なのか、はたまた人工物なのかによっても変わるだろうし、同じ人間でも、親兄弟や友人と赤の他人とでは異なるはずだ。それらを平均化したような漠然とした「生命観」を想定してみても、常に揺れ動いている。

「たとえば生命とは何ですかという問いを立てたときに、誰に対して解答を出すのかによって、人間はたぶん答えをいろいろと変えてくる」と岩崎さんは言う。

「生物学のレポートであればDNAとか遺伝とか何か膜に覆われてと書くけれども、科学的な素養とか教育を受けてない、たとえば親族とかお年寄りに対して命って何ですかと語るときには、まったく違う可能性があるわけですよね。そもそも僕らよりも三〇年、四〇年長く生きてきた人に、命とはこれこれです、と言うのも、おこがましいところがあるわけじゃないですか。一方で、子供に対して語るときには、もう少し別の語りかたがあるわけですよね」

つまり、個人個人でも、その時々の立場によって生命観は変わる。

「生物学を極めた人間が生命の見方を自然科学的な見方だけに集約して、それ以外の生命観をバッサリ捨ててるんだったら話は非常にシンプルでよいんだけど、そういう人のおそらく九九・九%は、生命科学的ではない別の死生観をパラレルにずっと抱えつづけてるわけですよね。子供に接するときには、ある種の別のタイプの生命観を表出するし、同僚の生物学者が死んだときも、やっぱり手を合わせて何かやると。それは科学的にはとても非論理的なことなので、そこではやっぱり、別の生命性を持ちだしているとしか言いようがないし、それは実験生物慰霊式の現場にも現れてくる。

自分の中にある複数の生命性みたいなものに関する、人間が培ってきた文化というものを僕らは全部、受け継いじゃってるので、自分の行動規範とか行動様式に溶けこんでいるさまざまな生命に関するイメージというものが、状況によっていろいろと顔を出すんだと思うんですね」

対象によって、状況や文脈によって、あるいは文化によって、生命は異なった顔を見せる。これは「一人称の死」や「二人称の死」「三人称の死」が、それぞれ異なりつつも全体として一つの「死」でありうるのと同じだ。生も死も、関係性を抜きにしては語れない。

そして、実は「意識」の問題にも似たような様相があることを、簡単につけ加えておきたい。本稿を書いているときに、心理学者であり認知神経科学者の下條信輔（しもじょうしんすけ）さん（カリフォルニア工科大学教授）の講演を聞く機会があった〔注41〕。一種のシンクロニシティと言ったらいいのか、その講演の中で思いがけず、次のような趣旨の話を聞いた。

「意識は脳の中だけにあるわけではない。私の家族はペットの犬に意識があることを、問うまでもない自明なことだと思っている。しかし他人から見たら、ただの駄犬でしかない。対象に意識があるかどうかは状況依存的であり、どういう社会的関係性

〔注41〕自然科学書協会 講演会2019「機械は人間を超えるか？　～意識・倫理・創造性」

を持ったかによって変わってくる」

ここで「意識」を「生命」に置き換え、「脳」を「個々の生物」に置き換えてみれば、岩崎さんが言っていることと、ほぼ同じになる。もっとも意識のあるなしは、しばしば生きているかどうかの判断基準とされるので、当然のことかもしれない。

## 「生命」はマーブルケーキ？

岩崎さんは、こんなふうにも言う。

「僕はよく『生命というコンセプトは非常に複合的であり、洋の東西古今問わず、歴史的・思想的にずっと積み上げられてきたもので、すごく複雑だ』という言いかたをするんですけど、逆に生命という概念が、僕らが意味するような意味での生命を意味するようになったのは、やっぱり近代の文脈だと思うんですよね。

だから『生命観』と言ったときの生命が意味するものも、時代と文化圏によって相当ちがっていたんじゃないでしょうか。たとえば昔の生命観を言うときに、宗教観や神みたいなものとかと別個に生命観を語っても、あんまり意味がないかもしれない」

これを聞いて、ちょっと思い立って調べてみたことがある。『精選版　日本国語大辞典』によると、「生命」という言葉が初めて文献上に見つかるのは、一〇〇二年ごろのことらしい。つまり、平安時代だ。「命」だともう少し古くて、七一二年成立の『古事記』に見つかる。

英語の「life」はどうかというと、調べた範囲では一五八〇年代だとするのが最も新しい。だが資料によっては一二世紀以前だとしていたり、九〇〇年以前だとしていたりする。これは古英語の「lif」も対象にするかどうかで変わってくるようだ。

いずれにせよ「生命」や「lif（e）」という言葉が生まれたのは、約二〇万年とされるホモ・サピエンスの歴史においては、つい最近のことなのかもしれない。ならば、それ以前の「生命観」が、いったいどんなものだったかというと、さっぱり見当がつかないわけだ。とはいえ我々は、言語上の「生命の起源」以前の何かさえ、脳や心のどこかに受け継いでいる可能性はある。

第一章で紹介したような幼児の生命観を探る研究が、何かヒントを与えてくれるかもしれない。

ここまでの話をふまえつつ、あえて「生命」を視覚化してみるとしたら、たとえば「五層のケーキ」なんかは、どうだろう。

いちばん下の層は、たぶん自然科学が対象としている化合物の集合体としての生命だ。その上には、人類の誕生時から脳に少しずつ刻まれてきた、言語化されていない生命のイメージが重ねられる。三番目の層は、歴史的に変遷しつつも積み重ねられてきた生命観、四番目は、地域的な多様性や文化的な背景から語られる生命、そして最も上の層は、対象との距離や関係性において感じられる生命だ。

三層くらいなら普通だが、五層となると、結構ゴージャスなケーキではないだろうか。我々は時と場合によって、その食べかたを変える。「人工細胞・人工生命之塚」を建てようとしていた岩崎さんは、上から下まで、ぐさっとフォークを通してすくい取り、全部の層を頬張ろうとしていたのかもしれない。

一方で、日常の我々は、たぶん一番上の層だけを、ぺろぺろ舐めている。法事や墓参りなどのときは、上から二層くらいを味わっている感じだろうか。

三番目や四番目だけをくり抜いて食べるのは難しそうだが、哲学者や民俗学者などで、死生観について論じる文系の研究者は、そういうことをしているかもしれない。そして科学者は、最も下の層だけを、ぺろんと剝がし取って食べようとしている。

大事なのは、どの部分をとって食べようが、そこに最下層が含まれていようがいまいが、それは「生命」だということだ。フォークに載っているのが一部だけだからといって、ケーキの名前が変わるわけではあるまい。

人形や一般的な道具は、生物学が対象にできる部分を持っていない。しかし少なくとも、所有者との関係性に宿る命は、持ちうるのである。実際、幼児たちの多くは、ぬいぐるみを「生きもの」と同じように扱う。

　一方で、実際に層をなしているケーキを食べたことがあればわかると思うが、食べたい層だけを食べるというのは案外難しい。なぜなら層と層との境界は、必ずしもはっきりしていないからだ。たとえばスポンジケーキの層を、その上の生クリームの層から完全に分離するのは不可能に近い。逆も真なりで、どうしても一方の一部が他方に混じってしまう。

図4－13　マーブルケーキ

　しかも生命というケーキの場合、実はちゃんと層をなしておらず、マーブルケーキ（図4－13）のように全体が複雑に混じり合っている可能性が高い。こうなったら、もう食べかたを選んだりはできないのである。

　たぶん科学者の中には「いや、それでは困る」という人が多いだろう。あくまでも主観を排して客観的に生命を記述しなければならないとすれば、化合物の集合体としての生命層だけを、何としてでもほじくりだなければならない。それは「属性としての生命」と「状態としての生命」とを切り分けようとするのにも似ている。

しかし岩崎さんに聞いてみると、そうするのは不可能だし、すでに失敗しているという。ご自身が科学者であるにもかかわらず——結構、衝撃的なことだ。

具体的にどういうことなのか、次項では、それをテーマにした切り絵やバイオアートなどを紹介しながら見ていこう。

## 4 「神」は死んだ。そして「生命」も……

### 慰霊に値する生きものとは？

常陸太田市の「人工細胞・人工生命之塚」にからめて、それを建立した岩崎さんは、合成生物学者たちに「慰霊に値する生き物とは何か」という問いかけをしている。

その様子を記録したビデオの中で、ある研究者は「大腸菌くらいにまでシンパシーを感じるが、慰霊するとなったら哺乳動物くらいから」と、まず答えた。そして「遺伝的に哺乳動物くらい近いと、そういうセレモニーをやってもいいかな」とつけ加えている。

しかし、そのあとで「自分のつくった人工生命が死んだら悲しいか」と聞かれると、「もちろん悲しい。いちばん愛情を注いでいるかもしれない。親のような気持ちです」というように答えた。そこで、「親のような気持ちだったら、慰霊をするのでは？」と問われると、笑いながら「そうですね」とうなずいている。

これはまさに「生命」が何層かのケーキになっており、科学者といえども無防備なときには、そのあちこちをつまみ食いしていることを示している。非常に人間的な反応だ。

ブルーバックスのウェブサイトで連載していた「生命1・0への道」でも、読者にアンケートで同じ質問に答えてもらった。選択肢として挙げたのは「人間」「サルやイルカなども含む『知的』な動物」「哺乳動物」「脊椎動物（魚類以上）」「すべての動物」「すべての動植物」「すべての生物」「ペット」「大事にしていた人形や道具などの人工物」の九つだ。

回答数が三〇件（本稿執筆時点）と少ないため、あまり傾向を云々することはできそうにない。しかし面白いことに最も多くの人が選んだのは、ほぼ同数で「人間」と「大事にしていた人形や道具などの人工物」だった。その次に「すべての生物」そして「ペット」「サルやイルカなども含む『知的』な動物」と続く。

「その他」として記述してもらった回答には「情や手間を込めたもの」「無事を祈れる対象すべ

て」「物語の登場人物」「長く身の回りにあった、生活や仕事を共にしたモノ」などがあった。作家という立場からすると「物語の登場人物」が慰霊の対象になっているのは面白い。文字だけで創られたキャラクターも、一種の人工生命になりうるのだろうか。

## 生物学と芸術との出会い

さて、このように意表を突くアート作品で、研究者などから面白い反応を引き出している岩崎さんだが、ご自身が生物に本格的な興味をもったのは、高校生のころらしい。顕微鏡で見たカビの美しさに魅せられ、自分で培養しては、図鑑で調べたりしていたという。

「カビの培養をしているうちに、あるとき、得体の知れない物がシャーレの中に出てきて、顕微鏡で見たらもの凄く動いてるんですよ。ドワーッと、粒子が――。これは何なんだろうと調べたら、実は変形菌（粘菌）というものだとわかった。それから野外の変形菌を集めて培養するというのに、少しはまったんですよね」

そして関連の文献を読んでいるうちに、変形菌の研究といえば日本の博物学者、南方熊楠（みなかたくまぐす）（一八六七〜一九四一）が有名で、多くの標本や図譜を残していると知った。すると驚いたことに、岩崎さんの曾祖父が和歌山県の田辺町（現田辺市）の人で、熊楠の隣人だったことがわかった。「紀州の国学の家だったので、本がいっぱいあったらしく、それを熊楠に貸しだしたりしていたようです。あと曾祖父自身は小学校の先生だったんですけど、自分で紀州の植物や魚の分類学とか博物学をやってた人なんですよね。だから紀州の魚類の図譜を出したり、植物誌を出版したりとかしてたんです。そのときの費用を、熊楠の取りなしで、紀州徳川家からもらったりしていたみたいですね」

図4－14　台湾の切り絵（提供／岩崎秀雄氏）

芸術的な分野では、別の出会いがあった。

「七歳ぐらいのとき、台湾に出張した母親が切り絵を買ってきてくれたんです。僕はすぐに、それを真似しはじめました」（図4－14）。そのまま創作を続けて、高校生くらいになると、「（日本における）切り絵の受容のされかたというのに、違和感を感じるようになりました。その違和感を解消するにはどうすべきか、どうしたら切り絵というものが、もう少しちゃんとした現代美術になり得るのかを一七～一九歳くらいまでの間、ずっと考えつづけました」

かなり早熟な高校生だったのではないだろうか。その成果が今の芸術活動につながっている。実際の切り絵作品については、のちほど紹介しよう。

## ミイラ取りがミイラになった

　生物やアート以外にも、科学史や科学哲学、さらには声楽など幅広い分野に関心を持っていた岩崎さんだが、結局、大学は理系の学部（名古屋大学農学部）に進んだ。そして大学三年のときに、また決定的な出会いをする。それは、とある研究所に貼られていたセミナーのポスターで、そこに「生物時計」という文字を見つけた。

「字面的に変な概念だなあと」思ったらしい。当時は教科書にも載っていない言葉だった。結局、そのセミナー自体には行かなかったが、「科学とは何か」という興味から惹かれるものがあった。

　生物時計というのは、体の中で睡眠や生活のリズムを司っているシステムだ。

「時計って人工物なわけですよ。だから生物時計というのは、時計という人工物を生命の中に見ることによってできる概念なんですね。逆に言うと時計を知らない人間が、生物時計というのに気づけたはずがないわけです。人工物をモデルにして自然を解釈していくというその在りかた自体が、凄く面白いなと思いました」と岩崎さんは言う。

　ある意味、合成生物学にも通じる考えだろうか。

　岩崎さんによれば、ヨーロッパにおける機械時計は、一二世紀に中国からもたらされて以降、

**図4－15　岩崎さんの研究室で培養されているシアノバクテリア**
時計遺伝子に変異のあるさまざまなシアノバクテリアが培養されている。通常は24時間周期で発現するはずなのだが、半分の12時間周期になったり、80時間くらいに延びたり、あるいはまったく止まってしまったりといったバクテリアが数十種類いるという

一九世紀に蒸気機関が現れるまで「人工物のトップ」に君臨しつづけたという。つまり最先端の技術でありつづけたわけだ。今で言えばコンピュータや人工知能（ＡＩ）のイメージだろうか。そして今日、人間の脳は、よくコンピュータやＡＩになぞらえられている。それと同様に一二〜一九世紀の間、時計は生物のメタファーとして、しばしば使われていた。その延長線上に、生物時計の発見がある。そうした経緯を、科学史や科学論的に研究してみたくなった。

　しかし、その前にまず生物時計のことを深く知っておこうと、岡崎市の基礎生物学研究所に専門家を訪ねた。現在は名古屋大学名誉教授になっている近藤孝（こんどうたか）

男さんだ。その研究室で学んでいるうちに、生物時計の科学的な解明自体が面白くなってしまった。つまり「ミイラ取りがミイラに」なって、そのまま現在に至っているというわけだ。

岩崎さんは近藤さんらとともに、シアノバクテリアの「時計遺伝子」を世界で初めて発見した。また、自分たちが見つけた三種類の「時計タンパク質」とエネルギー源（ATP）を試験管の中で混ぜたところ、二四時間で振動するリズムを生みだすことができた〔注42〕。これも世界初である。生物の体内で起きていることを、試験管内で再現できたわけで、これは第三章に出てきた「PUREシステム（無細胞タンパク質合成系）」にコンセプトとしてはよく似ている。

名古屋大学から早稲田大学に移ってからは、実際に時計タンパク質が生物の体内で、どのようにさまざまな代謝や遺伝子の発現を調節しているか、また、周囲の光環境がどのように影響しているか、といったことを調べている（図4－15）。さらに時間的なリズムを空間にも広げて、生物の「形」に見られるパターンが、発生の過程で、どのように生みだされていくかという研究も始めた。これがアートにもつながっていく。

〔注42〕もう少し詳しく言うと、3種類のタンパク質のうち一つの性質が、24時間周期で変化する溶液をつくった。黒い絵の具に白い絵の具を混ぜると灰色になるが、それからまた黒や白に戻るということはない。同様に通常の化学反応も一方向に進んで終わるのだが、時計タンパク質の場合は、なぜか黒くなったり白くなったりするようなことを、くり返すのだという。

## 切り絵とシアノバクテリアのセレンディピティ

時間的なリズムと、空間的なパターンについて、譬え話をしておこう。

台所からトントントンと、リズミカルな包丁の音が聞こえてくる。お母さんが（と、最近は決めつけてはいけないのだが）まな板の上で、野菜を切っているのだ。指先を器用にずらしながら、素早くいちょう切りにしていく。等間隔のリズムが、結果的に同じ厚みの扇形を、きれいに並べていくことになった。リズムがパターンに変換されたのである。

実は我々の背骨の一つ一つが、ほぼ同じ長さで並んでいるのも、発生の過程で似たような変換が起きているせいだ。そのもととなるリズムは、遺伝子の発現や化学反応が生みだしている。

ここで「微生物之塚」のてっぺんに刻まれていた模様を思いだしてほしい。前項では「多細胞性のシアノバクテリア」と、あっさり紹介したが、この数珠つなぎになりながら増殖していく細胞に、パターンが潜んでいる。そう、小さな細胞がいくつか並んだあと、大きな細胞が一つ入って、また小さな細胞が並ぶのだ。

これはもっとネックレスのように長く延びていることが多いのだが、だいたい一〇個に一個の割合で、大きな細胞が出てくるのだという（図4－16）。小さな細胞と大きな細胞とでは、機能が異なっている。岩崎さんらは、このパターンを生みだすリズムが何かを突きとめようとしてい

図4－16 「微生物之塚」に刻まれている多細胞性シアノバクテリアの模様（上）と、実際の多細胞性シアノバクテリア（下：ネンジュモの仲間）

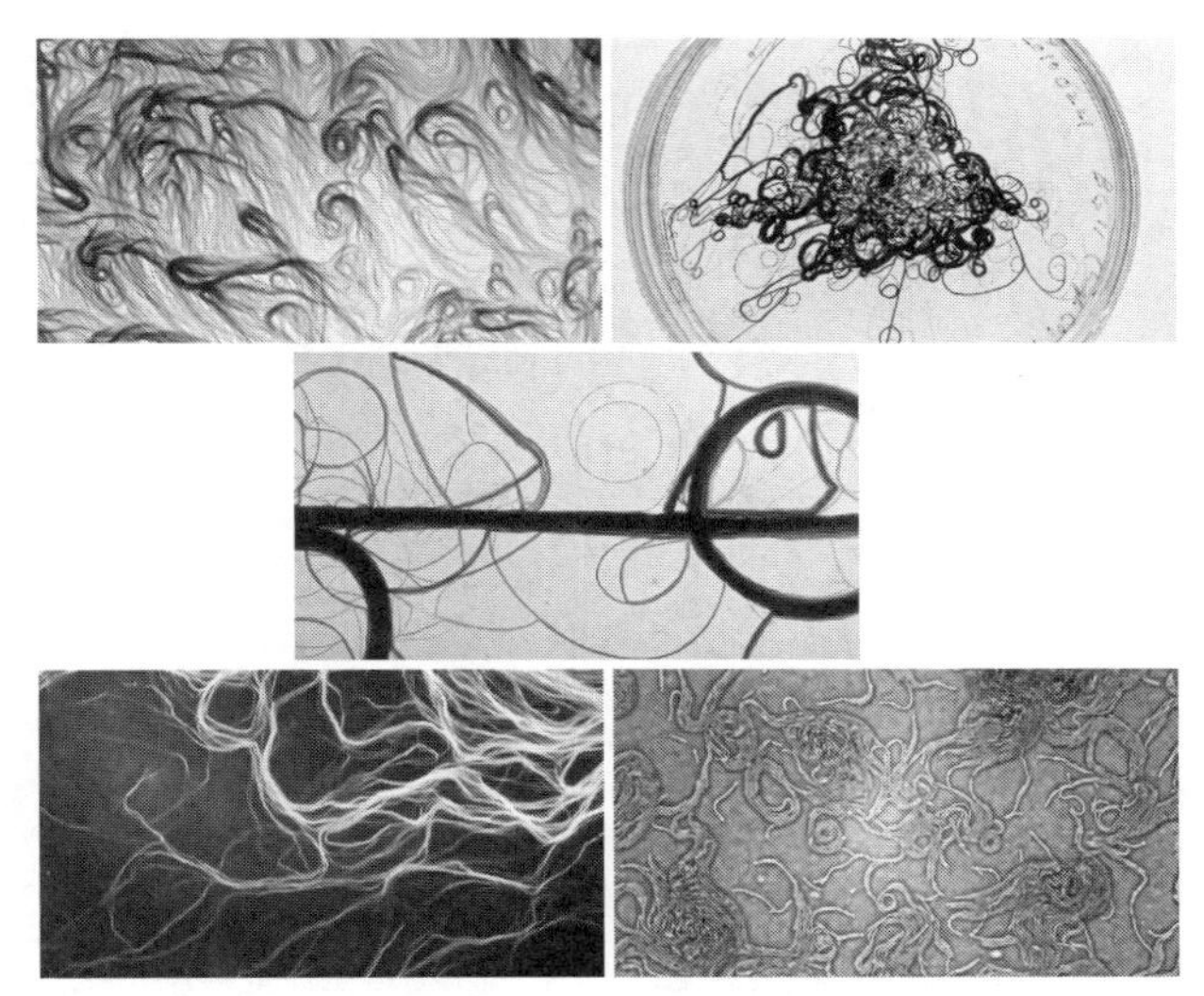

図4－17　運動性シアノバクテリアがつくるコロニー
（YouTubeビデオ〈https://youtube/GJ2GBwAV5R8?t=171〉からのキャプチャー）

る。

シアノバクテリアというのは多芸多才らしく、まるで渦を巻くように動きながら増殖して、面白いパターン（コロニー）をつくっていく種類もある。たとえば上のような画像を見てほしい（図4－17）。

どれも岩崎さんが近所の池から採取してきた運動性のシアノバクテリアが、増殖していく様子だ。じっと眺めていると、なんだかゾワゾワしてくる。まさに生きている感じだ。顕微鏡さえあれば、どこでも普通に観察できるのだが、これまであまり注目されてこなかった。

こうした複雑でありながら規則性

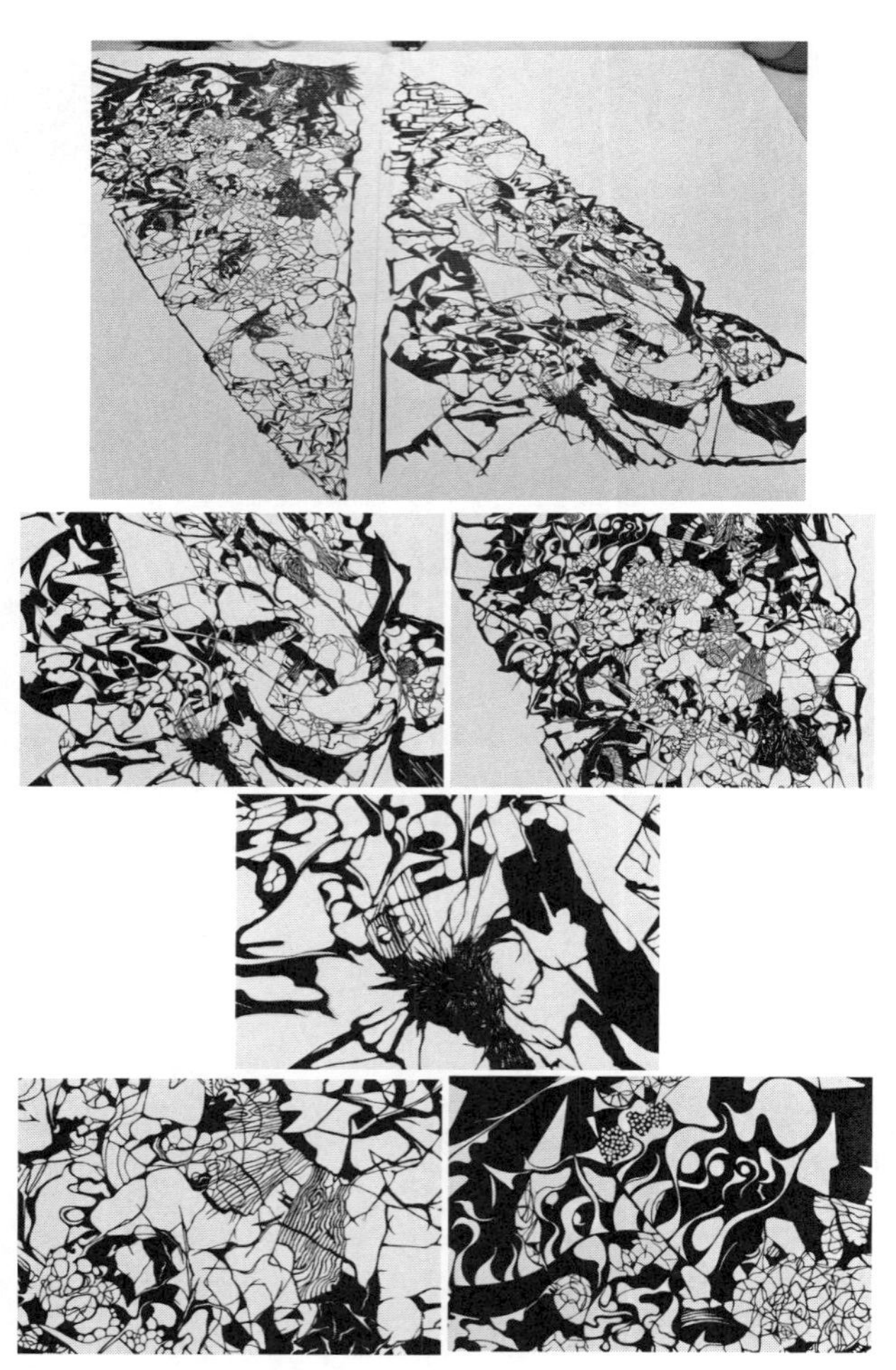

図4－18　岩崎さんの切り絵
いちばん上が全体像で、ほかは部分の拡大

もありそうなパターンは、どのようにしてできるのか。おそらく動きまわりながら増えていく過程に何らかのリズムがあって、それが空間的に表れていると考えられるが、岩崎さんらは、その詳しいメカニズムについて数理的なモデルを構築しようとしている。

それはそれとして、このシアノバクテリアがつくる模様を目にしたとき、岩崎さんは衝撃を受けた。なぜなら自分が創ってきた切り絵作品と、非常によく似ていると感じたからだ。では実際に作品の一部を、まずはストレートに眺めてみよう（図4－18）。

確かに、よく似ている。岩崎さんは「そのときの自分にとってビビッドに感じられるもの」を即興で描いているのだという。その「ビビッド」がシアノバクテリアだと「ゾワゾワ」感になるのかもしれない。

念のために断っておくと、岩崎さんがこのように抽象的な切り絵を始めたのは、シアノバクテリアに出会うずっと前だ。したがってバクテリアのつくる模様から影響を受けたわけではない。一種のセレンディピティといえるだろう。

## 切り絵は触るべきもの

ところで岩崎さんの考えでは、前ページのように平面的に眺めるだけでは、切り絵を鑑賞していることにならない。それでは版画やペン画を見るのと同じになってしまうからだ。実際、これ

図4－19　実際に展示された岩崎さんの作品
切り絵は立体的に吊るされている。運動性シアノバクテリアの映像が背景に映しだされ、そのプロジェクターの光が切り絵の影を同じ画面に投げかけている。フラスコの中でぶくぶく泡立つ水とともに、さまざまな生命のイメージが渾然一体となっている感じだ（提供／岩崎秀雄氏）

までの日本の切り絵は本や雑誌の挿絵として使われることが多く、有名な『モチモチの木』（斎藤隆介作、滝平二郎絵）などもそうだが、それだけ見ると木版画と区別がつかない。そのような使われかたに高校生時代の岩崎さんは疑問を感じ、切り絵ならではの表現を次のように考えた。

「木版画と切り絵の違いって何かというと、一つは、切り絵は三次元性を持っていることです。持ち上げるとたわんだり曲がったりするし、重ね合わせることもできる。また、向こう側が透けて見えるとか、光を当てれば影ができて、それを影絵として利用したりもできます」

　この特性を生かすためには印刷したり壁に貼ったりするのではなく、空間の中に吊るして展示するといった工夫が必要だ（図4－19）。また、曲げたり重ねたりすることを考えれば、具象画よりは抽象画が適している。

「それから、やっぱり何だかんだ言ってすごく壊れやすいといった要素があります。あと基本的につくるときには、ずっと紙に触れているので、視覚芸術である以上に触覚芸術なんです。そのへんは木版画とは全然違う世界なので、そこを取りださないといけない」

　繊細な切り絵に触るのは、ちょっとはばかられるのだが、岩崎さんは「でも、その感覚が重要なんです。基本的にあれは触るべきものだと思う。半分皮膚感覚で味わうものなのが、日本では視覚だけで味わうものになっちゃっている。台湾の切り絵のお土産というのは台紙に貼ってなくて、薄いやつをパラフィン紙に挟んでいます。だからパラフィン紙を取ると触れるんですよ。ほんとにヒラヒラしたやつを手に載せて、愛でられるんです。それが僕にとって切り絵の原体験になっています」と言う。

　取材時、僕も初めて本格的な切り絵に触るという体験をさせてもらったのだが、ちょうど小さな潰れやすい虫を指先でつまむようなドキドキ感があった。岩崎さんの作品には、生命的なパターンとともに、命の脆さや儚さが触覚として潜んでいる。

## 主観に満ちた論文をバクテリアがハックする

岩崎さんとシアノバクテリアとの出会いは、芸術における両者のコラボレーションにも発展した。ここで科学と芸術と生命とが緊張感をもってせめぎ合う、岩崎さんの代表的なアート作品を紹介することにしたい。

岩崎さんが中学生か高校生のころ「科学のレポートは客観的に書くこと。一人称や主観的な表現は避けたほうがよい」と言う先生がいた。だから科学論文も、そういうふうに書くものだと思っていた。

実は僕も同じようなことを言われたか、どこかで読んだ記憶がある。後者だとすれば「科学論文の書きかた」みたいな本だろう。それを真に受けながら、実際に何本かレポートや論文を書いたりした（僕も一応、理系なのだ）。一人称を使ってはいけないということで、じゃあどうしたかというと、受動態を多用した。

たとえば「私はバクテリアがGFPで緑色に光るのを確認した」というのを「バクテリアがGFPで緑色に光るのが確認された」というようにだ。そういう表現がずっと続いていくと、非常に違和感がある。単に主語を隠蔽しているだけじゃないかと感じていたが、その通りだった。「実際には、その先生が言っていたことは大嘘で、生物の科学論文は国内外を問わず主観に満ちており、エゴイスティックなものでした」と岩崎さんは言う。

そこで「Culturing〈Paper〉cut」という作品を制作することにした。「Culturing」とは「培養する」、「Paper-cut」は「切り絵」という意味だが、「Paper」には「紙」の他に「論文」という意味もある。具体的な制作手順は次の通りだ。

まず、自分が著者の一人となって書いたシアノバクテリアに関する論文を用意する。アメリカの科学誌『サイエンス』に掲載されたものだから英語だ。

そこから「Interestingly（面白いことに）」とか「quite surprisingly（極めて驚くべきことに）」「Hopefully（望むらくは）」といった主観的な表現や、一人称の部分を切り抜いていく。あの大嘘をついた先生が、あたかも検閲しているような感じだ。

一方で、図やグラフは、それを生かすようにしてアーティスティックに切り抜いていく。作品を紹介したビデオでは、図やグラフを「科学者たちによる視覚芸術文化の試みとして捉え直したいからだ」と説明されている。

それ以外の余白のような部分には、いつもの抽象的な模様を切り刻んでいく。そこには「生命を想起させる有機的な形態を混在させる」という（図4－20）。

「こうして切り絵化された論文をオーブンで加熱したり、高温・高圧の蒸気で滅菌する。滅菌された培地に、切り絵＝論文をのせていく。主観的な表現が切り取られた部分に、論文の対象とな

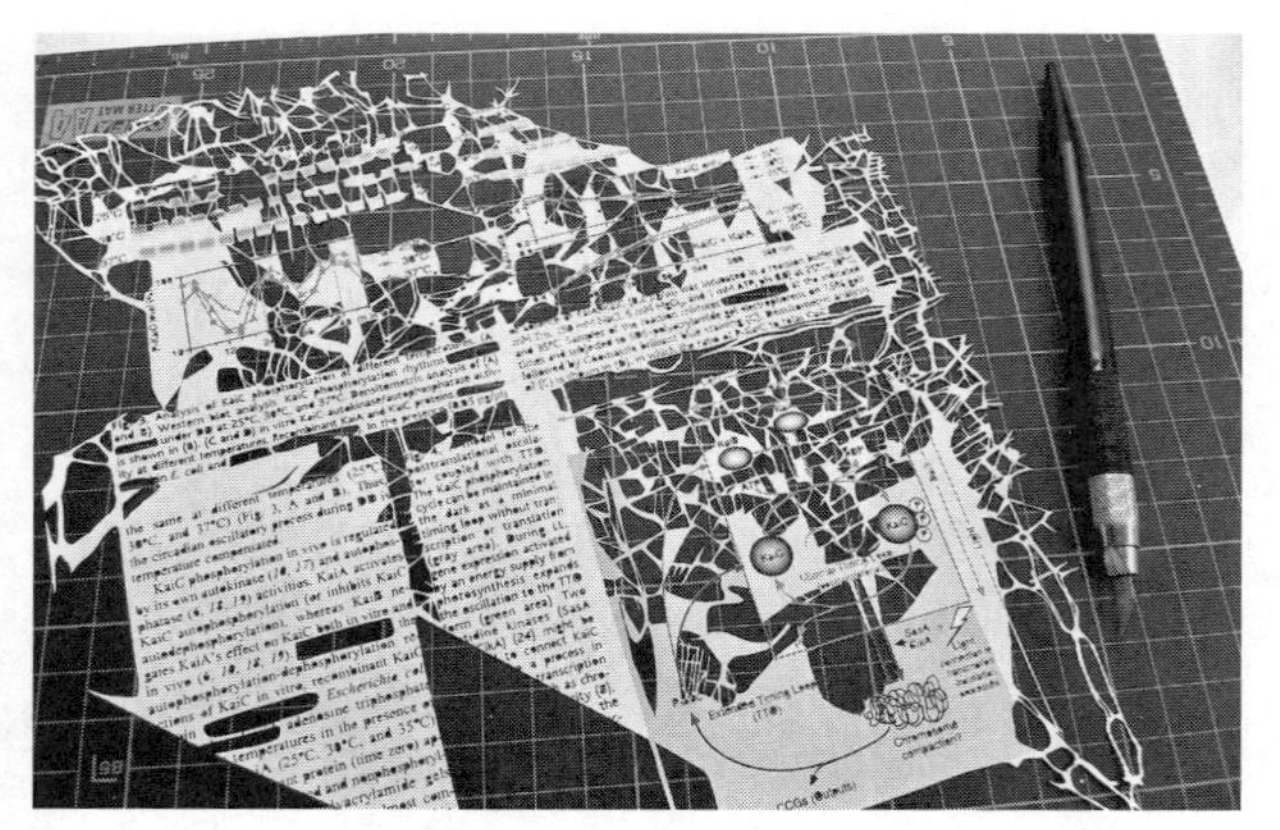

**図4－20　製作途中の切り絵**
使われている紙は『サイエンス』誌に掲載された論文の別刷り

ったバクテリアを植える。バクテリアは次第に繁茂し、切り絵＝論文をハッキングするように覆っていく。運動するシアノバクテリアは、切り絵と相互作用しながら複雑な模様を生みだしていく。こうして科学的表象の図、工芸的な造形、ジェネラティブなバクテリアの意匠と情報が、共存しながら絡み合う」

以上もビデオからの引用だが、「バクテリア」とはすべて、岩崎さんが池から採集してきたシアノバクテリアのことだ。「ジェネラティブ(generative)」は「自律性のある」という意味である。作品が展示されている期間中（破棄されなければ、その後も）、バクテリアは増殖を続ける。そして「論文に書かれている観察される対象（被観察対象）が、今度はその論文を覆い尽くして、主客を混淆（こんこう）させる」のだと岩崎さんは語って

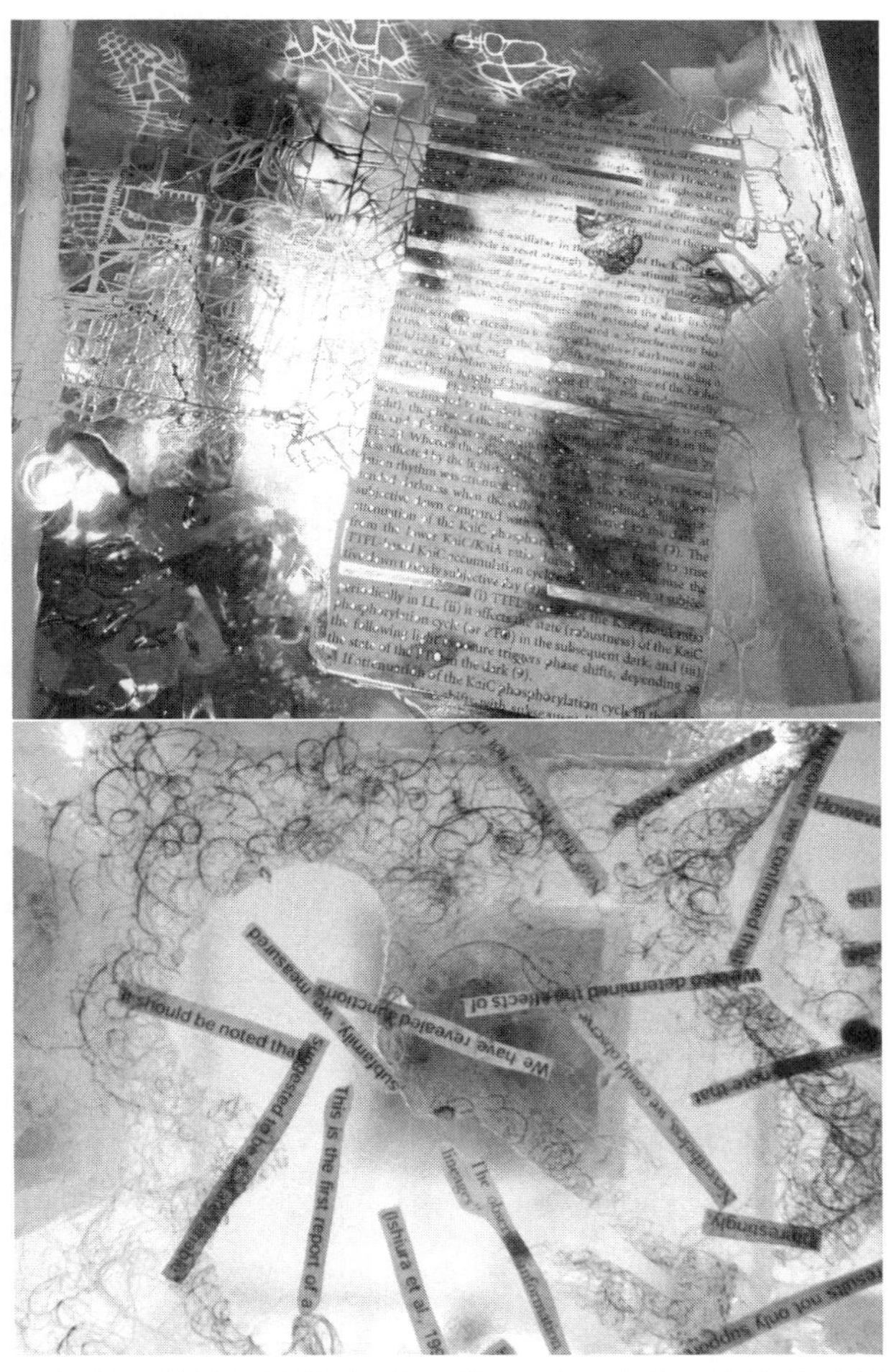


図4－21　2012年版「Culturing〈Paper〉cut」の一部を写した写真。切り絵となった論文の上にシアノバクテリアが繁茂している（上）。論文から切り取られた「主観的な表現」にも、バクテリアが絡みつく（下）（提供／岩崎秀雄氏）

いる。

ということで、これ以上の説明や解釈は野暮というものだろう。まずは図4-21や本書のカバーを眺めていただき、できれば連載「生命1・0への道」に掲載してあるカラー写真や、制作過程のビデオも鑑賞していただきたい〔注43〕。

## 科学に潜む「希薄化されたアニミズム」

「Culturing〈Paper〉cut」では切り取っていないが、論文からはもう一つ排除すべき（と、あの先生なら言うだろう）表現がある。それは「擬人化」だ。岩崎さんは、あるウェブ雑誌の記事〔注44〕で、次のように書いている。

たとえば、生物学では生体高分子や酵素はほかの物質を「認識する」としばしば記述されるが、これは物理学では通常許容されない記述様式だろう。いや、それは単に特定の分子と衝突し、反応しているだけだ、という反論がありそうだが、ならば敢えて認識するなどという擬人的な表現は避けたほうがずっと「客観的」であるようにも思える。

〔注43〕藤崎慎吾「人工生命に慰霊碑と花束を（後編）」生命1.0への道（2018）https://gendai.ismedia.jp/articles/-/58465?page=4
〔注44〕岩崎秀雄「生命美学とバイオ（メディア）アート――芸術と科学の界面から考える生命」SYNODOS（2017）https://synodos.jp/science/19883/2

では、認識ということで何がもたらされているのだろう。それは、分子レベルの「主体性」に他ならない。これは主体概念の上層（細胞や個体）から下層（分子）への一種の還元とみなされなくもない。万物に生命性を認めるのはアニミズムだが、こうして生物学が分子を擬人的に語る時、そこに希薄化されたアニミズムの気配を感じることがありうる。

希薄化されているとはいえ、科学者がアニミスティックに論文を書いているとすれば、それはかなり衝撃的なことではないだろうか。ここで思いだしていただきたいのは、第一章で取り上げた「素朴生物学」のことである。

ピアジェは、万物に命を見てしまう子供の生命認識を、未熟さの現れだと否定的にとらえて、「アニミズム」と呼んだ。それを後年の研究者が、子供なりの一貫した理論だと肯定的にとらえ直して「素朴生物学」と言い換えた。そして、この素朴生物学は教育を受けることなどによって、科学的な「生物学」に置き換わっていくものと思われていた。

ところが布施さんの研究によれば、大学生になっても素朴生物学の片鱗を残していることが明らかになった。まさに「希薄化されたアニミズム」である。

これは一般の大学生の話だから、まだ「ああ、そうなのか」で済む。しかし、プロの科学者が日常生活の中でならともかく、まさに専門的な仕事の中でさえ、素朴生物学を捨てきれていないのだとしたら、科学における客観性とは何だろう。それは本当に実現できるのか、と首をかしげざるをえない。

でも、逆に僕のような一般人からしてみたら、とりたててそこに問題があるのか、とも思う。少なくとも「生命」に関しては、重層的で個別の要素には分けにくいマーブルケーキだと考えるほうが、妥当なように感じる。ちょっと擬人的な表現くらい、むしろご愛嬌(あいきょう)ではないだろうか。岩崎さんも「希薄化されたアニミズム」を、どちらかといえば肯定的に見ようとしているようだ。

おそらく多くの生物学者は生命現象を論じるときに、擬人化をまったく抜きにした記述では、一種のフラストレーションを感じてしまう。単なる化学反応ではなく、そこに生命としての主体性が見いだされることを表現したくなるのだ。しかし、それをあからさまにやることはできない。

そこでひねりだしたのが、分子どうしによる「認識」や「コミュニケーション」「シグナル伝達」などの表現だったのではないか。岩崎さんは二〇一九年三月に行われた一般向けのある講演(注45)で、次のように語っている。

「いかにもアニミスティックに見えないように、生物学者というのは非常に苦労して

〔注45〕第23回AI美芸研「生命美学と環世界」https://www.aibigeiken.com/research/r023.html

記述様式を編みだしてきました。これは僕の感覚だと、生物学がまだ物理学のように厳密化されていないところから来るというよりも「科学的に主体性を記述することの困難」を前に、生物学者たちがギリギリのラインで選択してきた表現様式なのではないかと思えるところがあります。

それをふまえて改めて岩崎さんの「Culturing〈Paper〉cut」を眺めてみると、そこには科学と生命とのせめぎあいもありながら、ある種の「秘め事」というか、ちょっと倒錯した「愛」みたいなものが見え隠れしているような気もする。とてもエロチックだ。

## 生命科学とアートの「たゆたう界面」

岩崎さんへのインタビューを聞き直したり、それを文字に起こしたりしているうちに、だんだん気づいたことがある。それは岩崎さんの話には、おおむね結論がないということだ。というか、あえてパキッとした結論を出さないように話している。べつに逃げているわけではなく、ごまかそうとしているわけでもなく、むしろ自分のスタイルに忠実なのだと思う。

それは切り絵で抽象的な模様を刻んでいくスタイルと共通している。

「いろんなごちゃごちゃっとしたものから、自分自身が成り立っているので、そういういろんなものが絡み合っていて、どこが始まりなのか、どこが終わりなのかわからないし、全体としてみても個別に見ても、ある程度ビビッドであるというのがいいなと思っていて、それでいろいろなパターンがせめぎ合っているような感じを刻んでいます」と岩崎さんは話す。

そこで僕が「自分で、このへんは何というようにはイメージしていないんですか」と聞くと、「そういうのが出てくると、逆にそれをあえて壊します。特定のイメージにしたくはない。特に具象的なイメージには——。だからたとえば突然、動物っぽく見えたりとか、何か建物っぽく見えると、それをもうやめようという感じになる。でも人間はどうしても、そういうふうに見てしまうものなので、見えてしまうのはしょうがないんですけど、自分がそういうことに気づいたら、それをやめようと思ったりとかはします」と答えた。

岩崎さんはゆっくりと、紙の感触を確かめながらカッターを動かしていくように話す。そして何か自分で結論めいたものにたどり着きかけたり、あるいは僕が「こういうことでしょうか」みたいなことを言うと、異なる視点から相対化してしまったり、別の話題に展開させていったりする。物事はそう簡単に割り切れるものじゃないと、常に言い聞かせているみたいだ。

岩崎さんの座右の銘は「論理・観方は一通りではなく多様であること。コミュニケーション空間としての生命科学とアートを往復しながら、たゆたうその界面を感じ、戯れつづけること」だそうである。この「たゆたう」という言葉を、インタビュー中も何度か口にした。切り絵作品も、岩崎さん自身もたゆたっている。ぴったりだ。

## 生命は「スーパーコンセプト」

少し前に僕が出した「生命はマーブルケーキ」という結論めいたものにも、岩崎さんは決して同意はしないだろう。かといって否定もせず「そうですねえ……」と言って、もっとちがう次元に話を運んでいくかもしれない。

二〇万年の歴史を通じて、たぶん人間の生命観は移り変わってきた。その集積自体もまた、移り変わっていくだろう。つまり、たゆたっている。だから本来は、結論を出す必要もないのだ。もしかしたら「生命」という概念が消失することさえ、ありうるかもしれない。

ある雑誌の記事〔注46〕で、岩崎さんは次のように語っている。

> 僕は、生命というのは人類に残された最後の「スーパーコンセプト」だと思います。神という存在が揺るぎないものであった社会や時代には、やはり生命は、そこに連なるものという考えだった。神こそがスーパーコンセプトであったわけです。しかし、大雑把に言えば、一九世紀になって人類は「神を否定する」態度を手に入れた。そし

〔注46〕岩崎秀雄「生命は最後のスーパーコンセプト？」kotoba（2014）夏号

て、科学の時代と言われるようになったわけだけど、その科学も万能ではないことがわかり、スーパーコンセプト、つまり「絶対的に頼りたいコンセプト」が、見当たらない時代になったわけです。そんな中で「生命」は、人類に残された最後のスーパーコンセプトなのかもしれません。僕が知るかぎり、表立って「生命の否定」をコンセプトに掲げる文化・文明は、まだ顕在化していませんから。

---

しかし神が死に、科学もゆらいでいくのであれば、いつかは生命という概念が否定され、消えてしまうことも、あるのではないか？

「それは、あり得るのかもしれないんですけど、そのときには、何か代替となる別のスーパーコンセプトが出てくるんじゃないですかね」と岩崎さんは言う。「人間の生命観って時代ごとに変わっていますが、そもそも人間がどんどん進化していって、人間自体が別の脳を獲得していたら、そのときの生命観はちがってよいんじゃないですか、とは思います」

いつか「シンギュラリティ」がほんとうに訪れて、人工知能（ＡＩ）が、あらゆる面で人間の頭脳を超えたら、あるいは他の天体に地球とはまったく異なる「生きもの」を発見することがあったら、生命というコンセプトも劇的に変わらざるを得ない気がする。消滅するかもしれないし、少なくともより高次元の概念に置き換わりそうだ。

つまり「生命観」や「生命性」は、それ自体が生命のように、人類の誕生とともに生まれ、歴史の中をたゆたい、やがては死に絶えるか、別の形に進化していく。不思議であり、また当然でもあるような話だ。

常陸太田市は交通の便が悪いものの、旅をするには穴場といえる。適度に鄙びていて歴史もあり、お蕎麦がおいしく、意外にレトロでおしゃれな建物があったりもする。あまり観光地化されていないぶん、ゆったりと落ち着いた時間を過ごせるだろう。山間では星空が美しく、温泉もある。ぜひ一度、訪ねてみてはいかがだろうか。

築三〇〇年の酒蔵跡にも足を運んで、五〇年以上前に止まった時を味わってみてほしい。居心地のよさは保証する。裏庭に建つ不思議な慰霊碑にも、一見の価値はあるはずだ。カンブリア紀の石に触れて、四〇億年の時に思いを馳せるのもいい。

そして、もし暇があったら、塚の下に眠る人工細胞や人工生命たちに花束をあげてください。

# 第五章

# 「第二の生命」をつくる

## 1 幻のエイリアンまたはミュータント

### DNAに「毒」が入った生命を発見か

二〇一〇年一二月三日、アメリカ航空宇宙局(NASA)が「宇宙生物学分野での大きな発見」について記者会見を行った。これは事前に予告されており、巷では「いよいよ地球外生命が発見されたのか⁉」と大きな話題になった。読者の中にも、ご記憶の方はいるだろう。

蓋を開けてみると、残念ながらエイリアンの発見ではなかった。カリフォルニア州のモノ湖という非常に塩分濃度の高い強アルカリ性の湖で、とても変わった細菌が見つかったのだ(図5-1)。我々を含むほとんどの地球生命にとって有毒なはずのヒ素を、その細菌はDNAの一部として利用しているという。

第二章で触れたことだが、DNAやRNAなどの核酸は「ヌクレオチド」という単位分子が、鎖のように数百から一億以上もつながってできている。そのヌクレオチドは「ヌクレオシド」という単位分子と「リン酸」からできている。このリン酸は、リンと酸素、水素の化合物だ。つまり核酸にはリンが欠かせない。我々の骨はリン酸カルシウムからできているが、核酸にとっても

図5－1　モノ湖の奇観（上）と、そこで見つかった「GFAJ-1」という細菌の電子顕微鏡写真（下）

リン酸は骨格のようなものだ。

一方で元素の周期表を見ると、リン（P）とヒ素（As）は同じ第一五族で上下に並んでおり、化学的な性質がよく似ている（表5－1）。なので、核酸のリンとヒ素を入れ替えても、理論的には同じように機能しうる。もしかしたら宇宙のどこかには、あるいは太古の地球には、

| 族＼周期 | 1 | 2 | 3 | 4 | 5 | 6 | 7 | 8 | 9 | 10 | 11 | 12 | 13 | 14 | 15 | 16 | 17 | 18 |
|---|---|---|---|---|---|---|---|---|---|---|---|---|---|---|---|---|---|---|
| 1 | 1 H | | | | | | | | | | | | | | | | | 2 He |
| 2 | 3 Li | 4 Be | | | | | | | | | | | 5 B | 6 C | 7 N | 8 O | 9 F | 10 Ne |
| 3 | 11 Na | 12 Mg | | | | | | | | | | | 13 Al | 14 Si | 15 P | 16 S | 17 Cl | 18 Ar |
| 4 | 19 K | 20 Ca | 21 Sc | 22 Ti | 23 V | 24 Cr | 25 Mn | 26 Fe | 27 Co | 28 Ni | 29 Cu | 30 Zn | 31 Ga | 32 Ge | 33 As | 34 Se | 35 Br | 36 Kr |
| 5 | 37 Rb | 38 Sr | 39 Y | 40 Zr | 41 Nb | 42 Mo | 43 Tc | 44 Ru | 45 Rh | 46 Pd | 47 Ag | 48 Cd | 49 In | 50 Sn | 51 Sb | 52 Te | 53 I | 54 Xe |
| 6 | 55 Cs | 56 Ba | 57~71 ランタノイド | 72 Hf | 73 Ta | 74 W | 75 Re | 76 Os | 77 Ir | 78 Pt | 79 Au | 80 Hg | 81 Tl | 82 Pb | 83 Bi | 84 Po | 85 At | 86 Rn |
| 7 | 87 Fr | 88 Ra | 89~103 アクチノイド | 104 Rf | 105 Db | 106 Sg | 107 Bh | 108 Hs | 109 Mt | 110 Ds | 111 Rg | 112 Cn | 113 Nh | 114 Fl | 115 Mc | 116 Lv | 117 Ts | 118 Og |

| | | | | | | | | | | | | | | | |
|---|---|---|---|---|---|---|---|---|---|---|---|---|---|---|---|
| ランタノイド (57~71) | 57 La | 58 Ce | 59 Pr | 60 Nd | 61 Pm | 62 Sm | 63 Eu | 64 Gd | 65 Tb | 66 Dy | 67 Ho | 68 Er | 69 Tm | 70 Yb | 71 Lu |
| アクチノイド (89~103) | 89 Ac | 90 Th | 91 Pa | 92 U | 93 Np | 94 Pu | 95 Am | 96 Cm | 97 Bk | 98 Cf | 99 Es | 100 Fm | 101 Md | 102 No | 103 Lr |

**表5－1　元素の周期表**

同じ第15族元素のリン（P）とヒ素（As）は上下に並んでいる

そういう核酸を持った生命が存在する（した）のではないかと、一部の宇宙生物学者は以前から考えていた。それが実際に見つかったというのだ。

　といっても、一般の人の多くは「それって何がすごいの」「どんだけ大発見なの」と首をかしげたのではないだろうか。

　誤解を恐れず、うんとわかりやすく喩えれば、その細菌は「X‐メン」のウルヴァリンなのである（オタク以外には、むしろわかりにくいかもしれない）。マーベル・コミックのスーパーヒーローであり、映画ではヒュー・ジャックマンが演じて人気を博した。重傷を負ってもすぐ治ってしまう能力があり、両拳からは三本の長い爪が伸びてくる。

　ウルヴァリンの見た目は普通の人間だ。しかし、その骨格は架空の合金「アダマンチウム」によって、全部ないしは一部が置き換えられている。何でもぶった切る鋭い爪も、その骨が内側から突きだしてきたものだ。それでも、やはりウルヴァリンは普通の人間だろうか？　そう思う人は少ないだろうし、実際にコミックや映画では「ミュータント」とされている。

ミュータント（mutant）という言葉自体は「突然変異体」を意味しているが、ウルヴァリンの場合はどちらかというと、仮面ライダーのような「改造人間」ないしは「改造超人」というべきもののようだ。その点は異なるが、DNAのリンがヒ素に置き換わった細菌は、リン酸カルシウムの骨が金属に置き換わったウルヴァリンみたいなものだと言えば、何となく「すごさ」が伝わるのではないだろうか。

しかし残念なことに、その細菌が「ミュータント」であることも、今はほぼ否定されている。NASAが発表したあとで多くの研究者が追試や検証を行い、DNAはヒ素に汚染されているだけで、リンが置き換えられている形跡はないという結論が出された。実際にリンがない環境では、細菌がまったく増殖しないこともわかっている。

確かにモノ湖は、リンが少ない一方で、高濃度のヒ素に満ちているという、生命にとっては血の池地獄みたいな環境だ。しかし、その細菌は毒に対する強い耐性を持っているものの、ヒ素を利用しているとまではいかない「普通の」生命だったようである。どうやら鳴り物入りの記者会見は、NASAの勇み足だったらしい。

幻となってしまったウルヴァリン細菌だが、我々とは異なる生命が存在する可能性を、広く知らしめてくれたとはいえるだろう。

現在の地球上に見つかっている生命の基本構造は、どれも同じだ。細菌から人間に至るまで、あらゆる生物がタンパク質と核酸、脂質からなる細胞で構成され、ＡＴＰを主要なエネルギー通貨として代謝し、セントラル・ドグマによって自己を維持するとともに増殖している。少なくとも生命が最初の完成バージョン「生命１・０」に至ってからは、その基本構造やシステムから外れたことはないように見える。

だが、今後もずっと、そうであるとはかぎらない。進化しつづけることも、生命の大きな特徴だからだ。四〇億年の間は「生命１・０」のままで、なんとかうまくやってきた。しかし、どこかで再びメジャー・バージョンアップして、「生命２・０」になる必要性が出てくるかもしれない。

一方、我々の知らない地球上のどこか、あるいは他の天体には、すでに「生命１・０」とは異なる構造やシステムの生命が存在しているかもしれない。我々とは出自や系統がまったくちがう、それら第二、第三の生命も、ここでは「生命２・０」の中に含めておくことにしよう。

前章の最後で、将来は「生命」という概念自体が、消失したり別の概念に置き換わったりする可能性もあると話した。それこそが「生命2・0」と呼べる状況かもしれないのだが、果たして「生命」が消えたあとはどうなるのか、あるいは、どんな概念に置き換わるのかを予想するのは（少なくとも僕の頭では）難しい。

ただ現在の地球で、生命という「マーブルケーキ」の一部をなしている物理化学的なシステムが、別のどのようなシステムに置き換わりうるかを示すことはできる。本書の最終章は、そのお題で締めくくることにしたい。

## 古典的な「生命2・0」

ウルヴァリン細菌の話をしたので、もう一つ似たようなコンセプトの「生命2・0」を、まずは紹介しておこう。SF小説や映画を好きな人の間では、昔からよく知られている「ケイ素（シリコン）生物」だ。それなりに根拠はあるし、あながち荒唐無稽だと馬鹿にはできない。

今でもその可能性を、真面目に考えている研究者がいる。第三章にご登場いただいた豊田さんも、その一人だ。

「私は、ある意味でまだ妄想レベルですけれども、ケイ素を主体とする生命は誕生しうると思っています。今は炭素中心の化学進化を語ることが多いですけど、適切なエネルギー環境と、ケイ素を母骨格とするさまざまな化合物が誕生すれば、ケイ素が中心の化学進化は起こりえます」

今後「生命2・0」と呼べるものが出てきたり、見つかったりするとしたら、どんな生命をイメージしますか、という僕の質問に、豊田さんはそう答えた。

「そのケイ素生命体にはケイ素と酸素が必要だと私は考えていますが、いずれ何らかの特徴をもった高分子が情報になり、また、ケイ素を主鎖（骨格）とするタンパク質のような分子の構造体ができて、それがケイ素化合物の化学反応の触媒となり、かつケイ素を主体とする分子が袋をつくるというようなことが起きれば、それは今のこの地球の『生命1・0』ではない別の生命体になりうると思っています」

ウルヴァリン細菌について、DNAの骨格となっているリンをヒ素に置き換えることが、理論上は可能だという話をした。なぜならリンとヒ素は元素の周期表で見ると同じ第一五族で、化学的な性質が似ているからだ。

炭素（C）とケイ素（Si）も、やはり周期表では同じ第一四族で上下に並んでおり、化学的な性質が近い。したがって炭素を主体とするタンパク質や核酸、脂質といった生体分子が、ケイ素を主体とする生体分子に置き換わった生命も、理論的には存在しうる。

SFでは半世紀以上前から、これをネタにしたさまざまなケイ素生物が登場してきた。たいていは硬い岩石のような体で、のろのろと動くか、あるいは植物のようにほとんど動かない。ただ、それは地球のような環境をイメージするからだ。

図5-2　さまざまな形の殻をもつケイ藻の顕微鏡写真
殻の中身（本体）はアメーバのような単細胞生物で、炭素主体の生体物質からできている

豊田さんによれば、ケイ素を主体とする分子（の集まった粒）が液体中に分散でき、なおかつ、その分子が安定化したり、増殖したりできる環境の天体であれば、それこそシリコン樹脂（シリコンゴム）のように柔らかくて、普通に動きまわるケイ素生物がいてもいいらしい。

地球の水中でも、適切な分子（たとえばある種の界面活性剤）と共存すれば、ケイ素主体の分子が粒状に集まった状態で分散できる。ただ、地上にあるエネルギー（太陽光エネルギーや、雷放電などの電気エネルギー）あるいは温度、水、その他の分子などによって、ケイ素主体の分子が不安定化したり、増殖反応が妨げられたりしているかもしれないと、豊田さんは考えている。

硬いケイ酸質の殻（一種のガラス）をもつケ

イ藻（図5－2）や放散虫、イネ科植物などを除けば、地球上にケイ素を利用している生物が（今のところ）ほとんど見当たらないのは、そのためかもしれない。

豊田さんの研究室では、ケイ素と酸素の化合物からなる流動体の研究も行われている。それは今のところシリコン樹脂のような素材の開発が主目的なのだが、「もう少しそういう話が発展してきたら、いずれケイ素系の細胞もどきをつくっていくということも、今後のターゲットかなと思っています」と語っていた。

合成生物学者はエイリアンさえ、つくる気満々なのだ。いや、今はむしろ四〇億年前の祖先よりは、まったく別の「ありうる」生命をつくりだし、宇宙のどこでも通用する普遍的な生物学を切り開きたいという研究者が増えている気もする。「ファースト・コンタクト」は案外、研究室で起きるのかもしれない。

## 2 「生命2・0」は、すでに誕生しつつある？

アミノ酸や遺伝暗号、核酸塩基の異なる生命リンとヒ素、あるいは炭素とケイ素との類似性から、生命2・0の可能性を考えてみた。他にも我々自身の構成物質やシステムから「こんなのがいそうだ（いてもいい）」という予測は、あれこれとたてられる。

たとえば第三章で書いたことだが、地球上では五〇〇種類ものアミノ酸が発見されているにもかかわらず、生物のタンパク質に使われているのは、そのうちの二〇種類ほどでしかない。生命の誕生時には、もっと少なかったのかもしれないのだが、いずれにしても、ずいぶん遠慮がちに使っている。その理由はいまだに大きな謎だ。

どうせなら、もっと増やしたっていいんじゃないかと思う人はいるだろう。そうすれば合成できるタンパク質の種類も増えて、新しい能力を獲得できるかもしれない〔注47〕。すでに一〇〇種類以上あるという人工アミノ酸も使えれば、可能性はほとんど無限だ。実際に五〇種類とか一〇〇種類のアミノ酸を利用できる生命が現れたら、それは文句なしに「2・0」といえるだろう。

ただ、それをするにはお馴染みの「セントラル・ドグマ」を改造しなければならない。細胞がタンパク質をつくる際に、DNAに書かれている遺伝情報をmRNA

〔注47〕タンパク質はいわば「分子機械」である。有機物でできたナノマシンと思ってもいい。人間が天然にないものを設計して合成する「タンパク質工学」という分野では、すでにさまざまな機能をもつ新しいタンパク質が生みだされている。その技術が発展すれば、たとえば低温・乾燥・紫外線や宇宙線などへの耐性を劇的に高めて、現在の火星でも裸で暮らせる「テラフォーマー」が誕生するかもしれない（裸でいる必要があるかはともかく）。

（伝令ＲＮＡ）に写し取り（転写）、そのｍＲＮＡの情報をできあがったタンパク質に反映させる（翻訳）という、「生命１・０」に共通の仕組みだ（細胞が分裂する際にはＤＮＡの複製も行われる）。その翻訳の段階で辞書の役目を果たす「遺伝暗号表」は、書き換えるか拡張する必要がある。

ＤＮＡの情報はアデニン（Ａ）、シトシン（Ｃ）、グアニン（Ｇ）、チミン（Ｔ）という四つの核酸塩基（文字）で書かれており、このうち三文字の配列（組み合わせ）で特定のアミノ酸の合成が指示されている。たとえば「ＧＡＣ」や「ＧＡＴ」だとアスパラギン酸、「ＧＡＡ」や「ＧＡＧ」だとグルタミン酸の合成が指示される。このＤＮＡ上の塩基配列がｍＲＮＡに転写され、チミンの代わりにウラシル（Ｕ）を使う塩基配列（ＡＣＧＵ）に置き換えられたものを「コドン」と呼ぶ。通常はコドンとアミノ酸との対応関係を表現したものが「遺伝暗号表」なのだが、後々の話がちょっとややこしくなるため、ＡＣＧＴで考えたい（表５－２）。

四文字ある中から三文字を使った配列の総数は4×4×4＝64通りだ。つまり原理的には六四種類のアミノ酸を指定できる。合成の開始や終了を意味する暗号も必要なので、それを抜いたとしても単純計算で六二種類だ〔注48〕。しかし対応させるアミノ酸は

〔注48〕実際の遺伝暗号表ではメチオニンをつくる配列が「合成開始」の意味を兼ねている一方、「合成終了」を意味する配列は、なぜか３通りもある。したがって「終了」を一通りに絞れば、63通りの配列をアミノ酸の指定に割り当てられる。

| 1文字目 | 2文字目 T | 2文字目 C | 2文字目 A | 2文字目 G | 3文字目 |
|---|---|---|---|---|---|
| T | フェニルアラニン | セリン | チロシン | システイン | T |
|  |  |  |  |  | C |
|  | ロイシン |  | 合成終了 | 合成終了 | A |
|  |  |  |  | トリプトファン | G |
| C | ロイシン | プロリン | ヒスチジン | アルギニン | T |
|  |  |  |  |  | C |
|  |  |  | グルタミン |  | A |
|  |  |  |  |  | G |
| A | イソロイシン | トレオニン | アスパラギン | セリン | T |
|  |  |  |  |  | C |
|  |  |  | リシン | アルギニン | A |
|  | 合成開始(メチオニン) |  |  |  | G |
| G | バリン | アラニン | アスパラギン酸 | グリシン | T |
|  |  |  |  |  | C |
|  |  |  | グルタミン酸 |  | A |
|  |  |  |  |  | G |

表5－2　DNAの核酸塩基で表した遺伝暗号表

二〇種類しかないから、四二通りの配列は余ることになる。

実際には、複数の配列が同じアミノ酸を意味しており、余っている配列はない。無駄と言えば無駄だ。

たとえば先ほど言ったように「ＧＡＣ」と「ＧＡＴ」がアスパラギン酸に対応しているなら、それを「ＧＡＣ」だけにして、「ＧＡＴ」は別の新しいアミノ酸に割り当てれば、二〇種類が二一種類に拡張される。「合成終了」を意味する配列も三通りあるから、このうちの一つか二つを特定のアミノ酸に対応させてもいい。すでに理化学研究所の研究グループでは大腸菌を使って、そのような試みに成功しているという。

そうやって無駄がなくなるように暗号表全体を書き換えたとしても、一〇〇種類のアミノ酸を使えるまでには拡張できない。それを実現するには三文字の配列を四文字以上の配列に変えるか、文字自体を増やすしかないだろう。前者の場合だと、たとえば四文字の配列なら4×4×4×4=256通りまで拡張できる。そういう試みも行われており、細胞を使わない試験管レベルでは、ある程度、成功しているようだ。

そして後者の場合だが、現時点では四種類しかない核酸塩基を、六種類に増やす研究が進められている。成功すれば六文字が使えるわけで、そのうちの三文字だけを組み合わせたとしても6×6×6=216種類の暗号に拡張できる。四文字にすれば一二九六通りで、すべての天然アミノ酸と人工アミノ酸を指定できることになる。

それを実現する研究は国内でも進められているが、アメリカのスクリプス研究所が一歩、先んじているようだ。二〇一四年には二種類の人工塩基XとYをDNAに組みこんで大腸菌に導入し、正常に複製されることを示した。つまり、その大腸菌はACGTXYの六文字で書かれたDNAを得たことになる。

そして二〇一七年には、改造したDNAで緑色蛍光タンパク質（GFP）を生成させることに成功した。その際、GFP遺伝子の「TAC」という配列を、人工塩基を含む「AXC」に変更

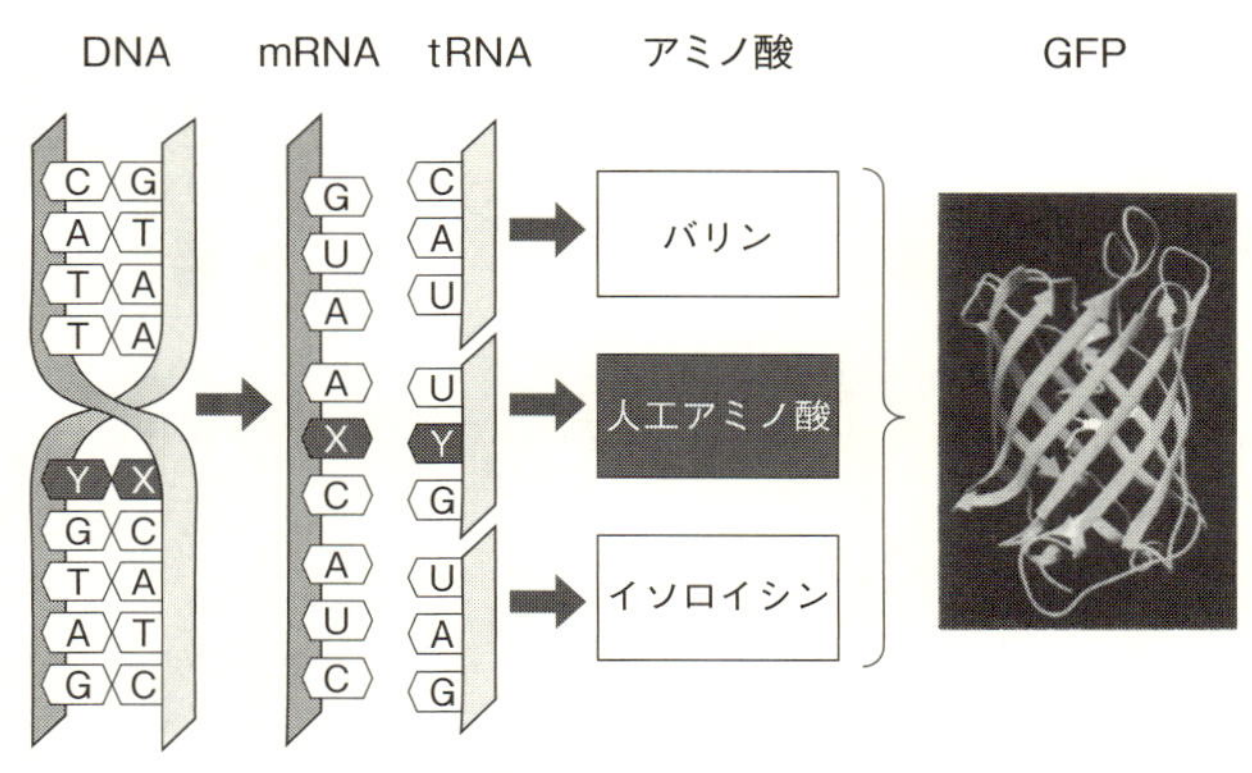


図5-3　6文字のDNAからGFPをつくる

人工塩基（XとY）を組みこんだDNAがmRNAに転写され、そこに書かれた3文字の遺伝暗号をtRNAが認識して、対応するアミノ酸をリボソームに運んでくる。このとき人工塩基を含む暗号を認識して、人工アミノ酸を運んでくるようなtRNAをあらかじめ導入しておけば、できあがったタンパク質に、その人工アミノ酸が組みこまれることになる。

したのだが、できたタンパク質では、ちゃんとそこが天然にはない人工アミノ酸に置き換わっていた（図5-3）。これは、もう「X-メン」ならぬ「XY-大腸菌」のプロトタイプが誕生したと考えても、いいのではないだろうか。

さらに二〇一九年二月、アメリカの「応用分子進化財団（Foundation for Applied Molecular Evolution）」を中心とする研究グループは、なんと八種類の核酸塩基からなるDNAを合成したと発表した。その名も日本語の「八文字」からとった「ハチモジ（Hachimoji）DNA」である。「サイエンス」誌に掲載された論文の筆頭著者は、星加周一（ほしかしゅういち）さんという日本人のようだ。

現時点で、このハチモジDNAが大腸菌などに導入されたという情報はない。ただ、そのDNAからRNAに配列を転写するところまでは、成功しているという。そのRNAも八文字だ。

このハチモジDNAが我々の四文字DNAより、ずっと多くの情報を担えることはまちがいないだろう。ただ、アミノ酸を指定するだけであれば、ちょっとオーバースペックかもしれない。ハチモジDNAをもつ「生命2・0」がいるとしたら、もっとさまざまな情報の媒体としてDNAを使うことになるのではないか。

この研究に資金を提供したNASAは次のようにコメントしている。

「生命の検出はNASAの惑星科学ミッションにとって、ますます重要な目的となりつつあります。今回の新しい研究成果は、我々が探しているものの範囲を広げるであろう高性能な機器や実験装置の開発に貢献するものと期待されます」

## 「エネルギー通貨」はATPでなくてもいい

「生命1・0」は四種類の核酸塩基を使い、そのうちの三種類の配列で遺伝暗号をつくり、二〇種類のアミノ酸だけを利用している。この「四」「三」「二〇」という数字にどうして落ち着いたのか、あらためて考えてみると不思議だ。これが必然だったのか、偶然だったのかは、これらの数字を変えた生命が誕生するか（つくりだせるか）で、わかってくるかもしれない。すでに述べた通り、どうやら今の情勢では誕生してしまいそうな気配だ。

そういう意味で生命には、もう一つ不思議なことがある。我々が主要なエネルギー源、あるいは「エネルギー通貨」として、主にＡＴＰ（アデノシン三リン酸）を使っていることだ。

ＡＴＰの「アデノシン」は、実は本章の冒頭に出てきた「ヌクレオシド」の一種である。これにリン酸がくっつくと「ヌクレオチド」になる。

一方でヌクレオシドは、核酸塩基とリボース（糖）がくっついたものだ。アデノシンの場合は、アデニンとリボースの化合物である。他のシトシン、グアニン、チミン、ウラシル（ＲＮＡの場合、チミンの代わりにウラシルが使われる）といった核酸塩基も、リボースがくっつけばヌクレオシドになり、さらにリン酸がくっつけばヌクレオチドになる。これらが長くつながって、ＤＮＡやＲＮＡなどの核酸ができるのだ。

アデノシンにリン酸が一つくっついたヌクレオチドは「アデニル酸」だが、「アデノシン一リン酸」とも呼ばれ、しばしば「ＡＭＰ」と略される。これはＲＮＡを構成するヌクレオチドの一つだ。

このＡＭＰに、さらにもう一つリン酸がくっつくと「アデノシン二リン酸」となり「ＡＤＰ」と略される。そしてＡＤＰに、またもう一つリン酸がくっついたもの、それがアデノシン三リン酸すなわちＡＴＰだ。

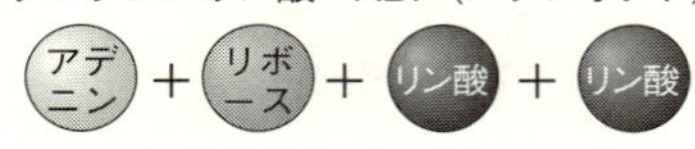

図5－4　ATPなどのヌクレオチドと核酸（RNA）との関係

つまりATPと核酸は親戚関係にある（図5－4）。これはシトシンのヌクレオシドにリン酸が三つくっついた「シチジン三リン酸（CTP）」や、グアニンのヌクレオシドにリン酸が三つくっついた「グアノシン三リン酸（GTP）」、ウラシルのヌクレオシドにリン酸が三つくっついた「ウリジン三リン酸（UTP）」などでも同じことだ。これらをまとめて「ヌクレオシド三リン酸（NTP）」ともいう。

　実際、原始地球ではNTPからRNAが誕生したとする説もある。たとえば鉱物表面などに生じた化学反応で、まずATPやGTPのような分子が生まれた。それを「生命0・5」くらいのやつが、エネルギー源として利用しはじめる。利用するにはATPやGTPを「認識」するような原始タンパク質が存在しなければならない。もし、そのようなタンパク質がつながっていて、ＡＴＰやＧＴＰをくっつけるような反応を起こせば、そこからＲＮＡのような鎖ができていくかもしれない、というわけだ。

これは第三章で紹介した分子版「ジュラシック・パーク」、すなわち原始地球で核酸とタンパク質が「共進化」するシナリオの一部にあてはめられるかもしれない。

それはそれとして、ＧＴＰもＣＴＰもＵＴＰも、エネルギー源として使える点ではＡＴＰとまったく同じだ。実際にそれらが生体内で化学反応を進める場面はあるのだが、ごく一部に限られている。あくまでも、メインのエネルギー通貨はＡＴＰだ。その理由は、やはりわかっていない。

この点について、第三章にご登場いただいた藤島さんは、面白い譬え話を交えながら、次のように語っている。

「先にＧＴＰを認識するような酵素（タンパク質）が進化して、ＧＴＰを優先的に使うようになっていれば、実はＡＴＰではなくてＧＴＰがメインの代謝系だったかもしれません。しかし現実には『Rich gets richer（金持ちほど、より豊かになる）』ではありませんが、最初にＡＴＰを認識するようなタンパク質の部品が誕生し、それがすごく便利だったから、瞬く間にさまざまな酵素の間で使われるようになり、その他の後発組が追いつけなかったということではないでしょうか。

それは仮想通貨で言えば、ビットコインが最初に誕生して、その後にイーサリアムが来て、リップルが来て……といった具合に増えたものの、いまだにビットコインがトップシェアであるのと同じです。最初にその通貨を使ったことによるドミナンス（支配力）というのは、まちがいなく影響があると思います」

また、次のようにも言っている。

「いったんATPを使いはじめたなかで、わざわざ他のヌクレオシド三リン酸（NTP）を使うようにタンパク質が進化するかといったら、おそらくそうはならない。そういうものを使う生物がいるとしたら、なんらかの理由でATPが枯渇して、他のNTPが豊富な環境にいる場合でしょう。それはそれで別系統として進化していくだろうと思います。仮想通貨で言えば、リップルが豊富な環境中では、リップルをメインに取引するようなシステム（系）が誕生してもいい」

ただ、金融市場における通貨トレンドと同様、進化もあまり単純化はできない。

「ATPを主として利用する我々でも、実はセントラル・ドグマにおける翻訳系にはGTPが優先的に利用されています。翻訳関連因子がなぜATPではなくGTPを特異的に利用しているのか――ひょっとしたら、エネルギー通貨の財源をGTPにすることで、リスクヘッジしているのかもしれませんし、あるいは翻訳系が誕生した環境と密接に関係しているのかもしれません。いずれにせよ生命システムの起源における、大きなミステリーの一つです」

エネルギー通貨として、GTPのほうがATPより優れている、ということはない。だからGTPをメインに使う生命が、我々のメジャー・バージョンアップとして誕生することはないだろう。ただ「生命1・0」とは出自も、たどってきた道もまったく異なる「第二の生命」という意味で「生命2・0」と呼ぶことはできるはずだ。もしかしたら火星やエウロパ、エンセラダス、タイタンといった他の天体には、そういう生命が住んでいる(いた)かもしれない。

## 体に刻まれた宇宙の非対称性

### 生命の起源における「最大の謎」

第一章の最後で「もし起源を不連続なものとするなら、生命の起源もビッグバンにさかのぼると言わざるをえない」と、車俞澈さんがコメントしたことを紹介した。言い換えれば車さんは、四〇億年前、無から有を生じるように生命が誕生したわけではないと考えているわけだ。では、どこまでさかのぼれば無に行き着くかと言うと、ビッグバンということになる。

冗談交じりの口調だったが、実は別の意味でも示唆的な発言だった。なぜなら我々の体には、ビッグバン直後（あるいは以前？）に決まった宇宙の物理的な性質が、刻まれているかもしれないからだ。それは、「生命2・0」の可能性をも大きく押し広げる。

前項では、生命が四種類の核酸塩基を使っていることや、そのうちの三種類の配列で遺伝暗号をつくっていること、そして二〇種類のアミノ酸を利用していることなどが、あらためて考えると不思議だという話をした。エネルギー通貨として使われるのが、ほとんどATPだけというのも同様である。

そういう意味で、さらに一つ、不思議なことがある。それは生命が「左手型」のアミノ酸と、「右手型」のリボース（糖）を主に利用していることだ。

何のこっちゃと思う人は、自分の両手をじっと眺めていただきたい。左右どちらも同じ形をしているが、決して重ね合わせることはできない。お祈りをするように掌を、ぴったり合わせることはできる。もし手が紙のような二次元だったら、それで左右が「一枚」に重なってしまうだろう。しかし実際の手には厚みがあり、表と裏は異なっている。それを考慮して、重ねる方法を見つけてほしい。たぶん無理だろうが。

分子にも三次元の構造がある。左右の手はお互いを鏡に映したような関係になっているが、分子にも、構造の上で同様な関係にあるものが存在する。そうした分子どうしを「鏡像異性体」と呼び、一方を「左手型（L体）」、他方を「右手型（D体）」と呼ぶ〔注49〕。また、そういう関係性

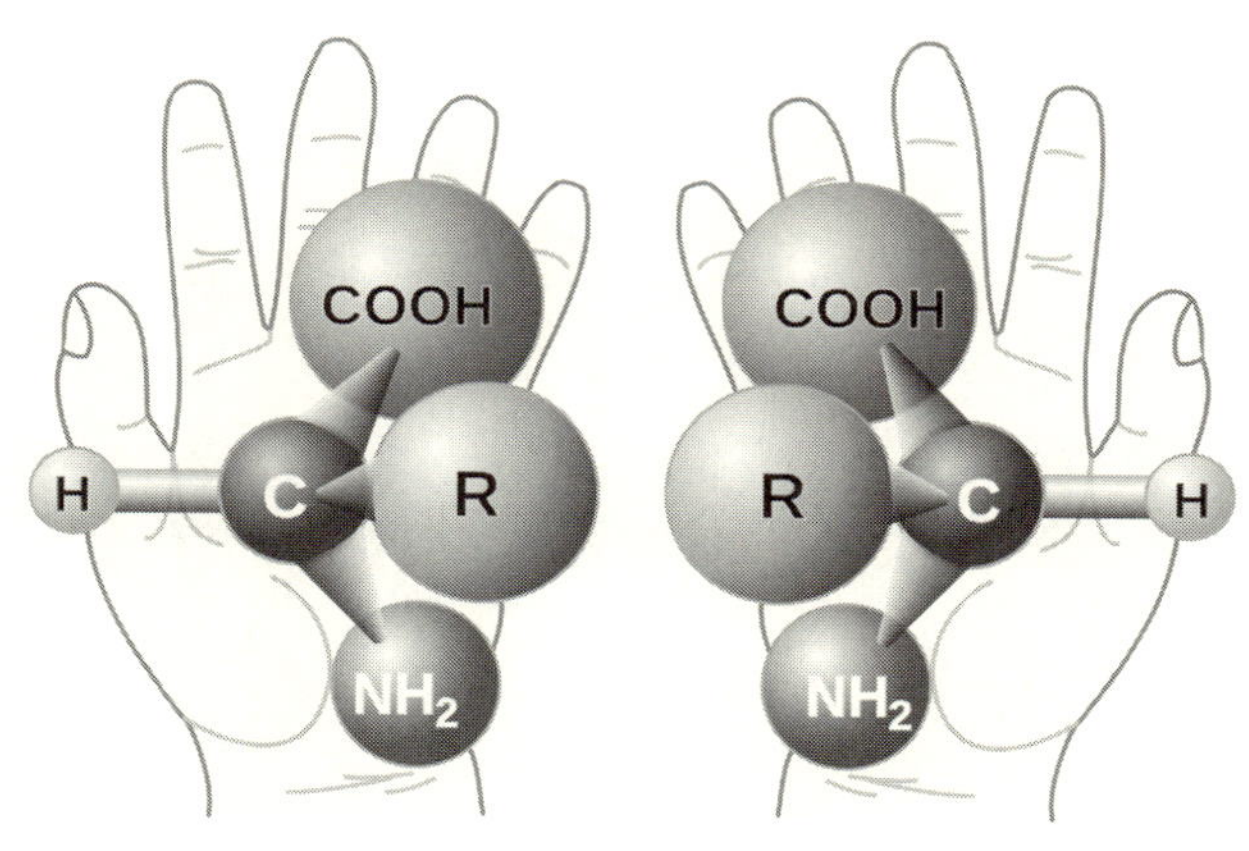


図5－5　キラリティがある分子（アミノ酸）の左手型と右手型

があることを「キラリティ」という（図5－5）。

生物の体でタンパク質のもとになっている二〇種類のアミノ酸は、グリシンを除けばすべてにキラリティがあり、左右の鏡像異性体のうち、基本的には左手型だけが使われている。一方、核酸の構成分子であるリボースにもキラリティがあって、こちらは右手型だけが使われている。このような偏りを「ホモキラリティ」と呼ぶ。

左右どちらの鏡像異性体も、物理化学的な性質は、ほぼ同じだ。また、生物の関わらない環境でキラリティのあるアミノ酸やリボースをつ

〔注49〕アミノ酸は炭素原子（C）を中心に、水素原子（H）とカルボキシル基（COOH）、アミノ基（$NH_2$）、そして側鎖（R）という３種類の原子団が立体的に配置された構造をしている。このとき、Hから見てCOOH－$NH_2$－Rがこの順で右回り（時計回り）に並んでいる場合は「右手型」の鏡像異性体、左回り（反時計回り）に並んでいる場合は「左手型」の鏡像異性体と便宜的に定められている。

くれば、右手型も左手型も必ず同じ量だけできる。どちらか一方が多くなることはない。生命誕生前の原始地球でもそういう状況だったとすれば、なぜ生命は一方の組み合わせだけを使っているのか——これは生命の起源を語るとき、しばしば「最大の謎」とされている。

分子の物理化学的な性質が同じなら、右手型のアミノ酸と左手型のリボースを使っても、おそらく我々と似たような生命は誕生したはずだ。しかし、現在の地球上には（今のところ）見当たらない。ちなみに左右両方のアミノ酸やリボースを混ぜてしまうと、タンパク質や核酸は、ちゃんとした形をとれないので、生命は生まれないと考えられている。ホモキラリティ自体は必要なのだ。

原因としては、いくつかの仮説が立てられている。一つ目は「単なる偶然」で、まあ仮説というほどではない。それが事実なら謎も謎ではなくなってしまう。

二つ目は「ホモキラリティの組み合わせが異なる二種類の生命が誕生し、生存競争のあげくに一方が滅びた」とする説だ。しかし食べ物に関するかぎり、両者に競争は成り立たないという弱みがある。左手型アミノ酸の生命は、左手型アミノ酸でできたタンパク質しか食べられないし、その逆も真だからだ[注50]。

三つ目は「キラリティのある分子が無生物的にできたとき、実は左右の鏡像異性体の

〔注50〕ただし右手型を左手型に変換する酵素を持っている生物は存在する。

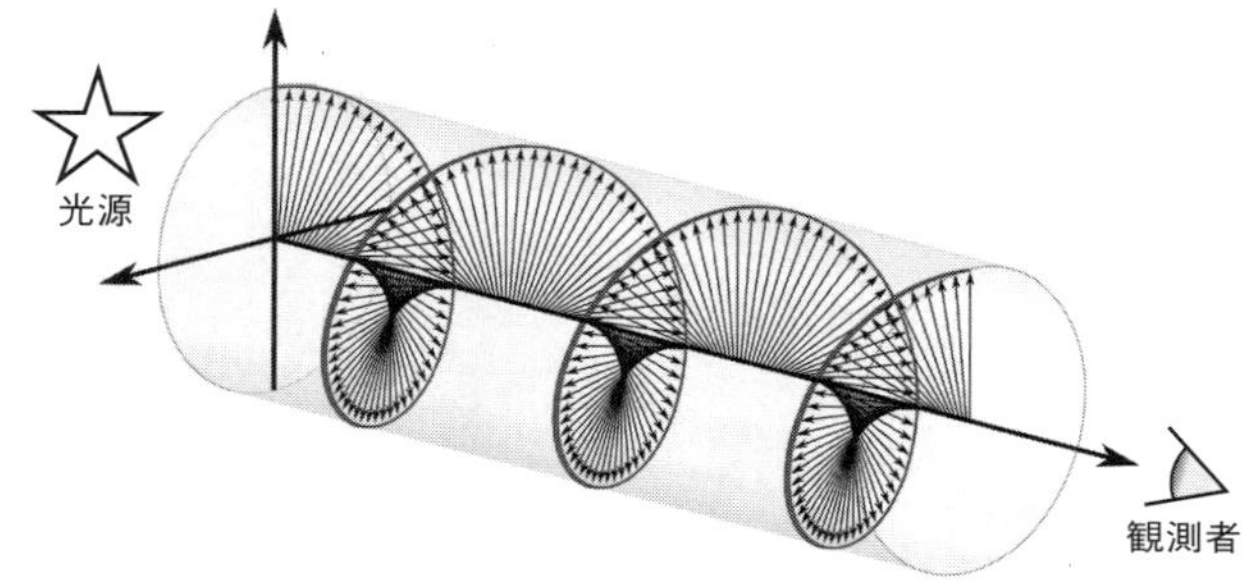


**図5－6　円偏光する光を模式的に示した図**
観測者側から見た場合は左回り（反時計回り）、光源側から見た場合は右回り（時計回り）している。どちらとみなすかは物理学や化学、光学、天文学といった分野によって異なっており、まだ統一されていない。

量にわずかな偏りがあった」とする説だ。その原因についても、いくつか説がある。現在、最も有力なのは「円偏光」説だ。

第二章で、生命の材料となるアミノ酸や核酸塩基などの一部が、宇宙からもたらされた可能性について述べた。それは、そうした有機物が、小惑星や彗星の上、あるいは星間ガスの中などで生まれたことを前提としている。このとき、右回りか左回り、どちらかに振動の方向が回転する（円偏光する）光を浴びると、鏡像異性体の量に偏りができる可能性がある（図5－6）。

星雲の中心で星や惑星が生まれている領域からは、実際に円偏光する赤外線が観測されている（図5－7）。こうした領域では、円偏光する紫外線が広がっていることも、じゅうぶんに考えられる（ただし紫外

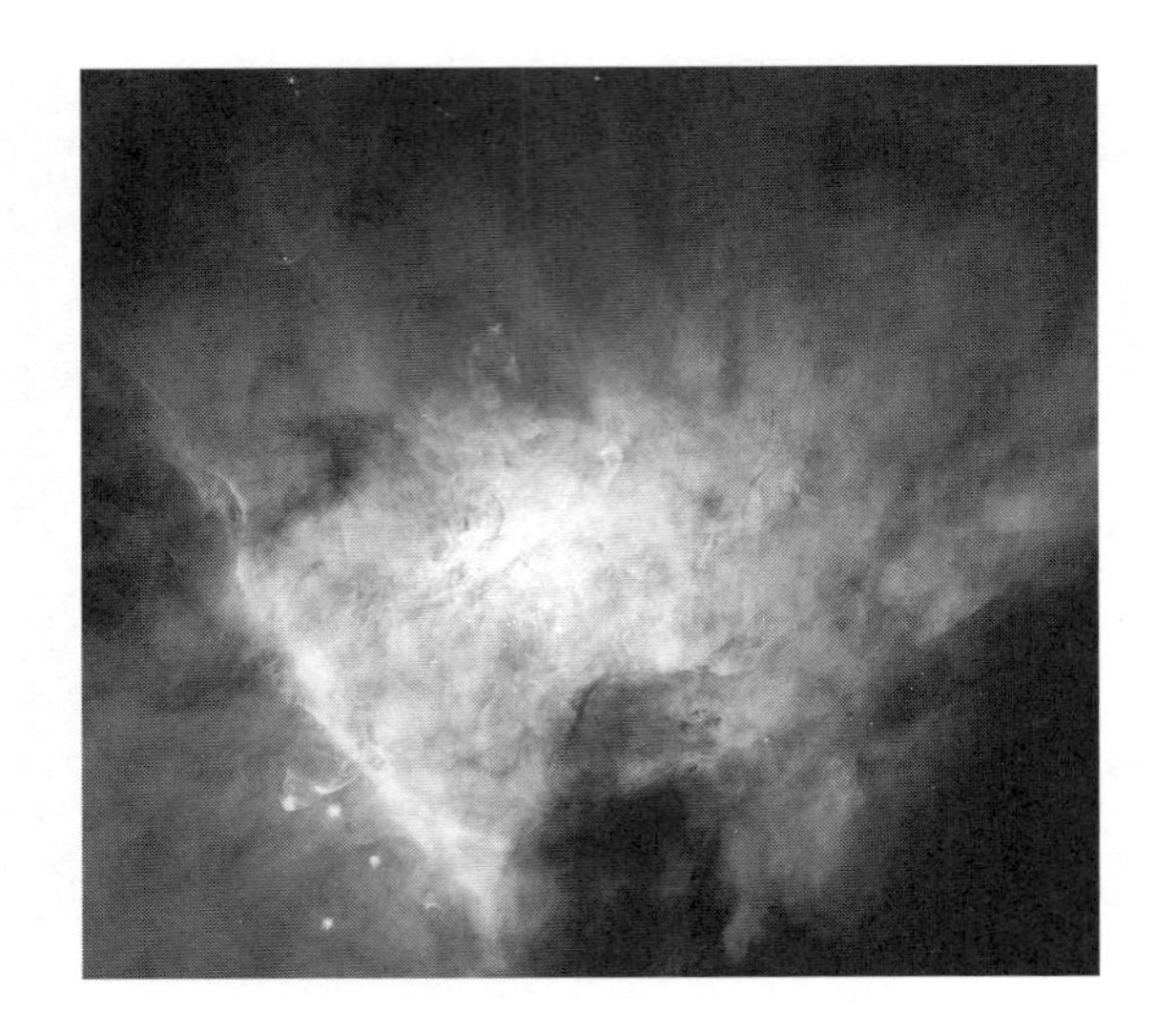



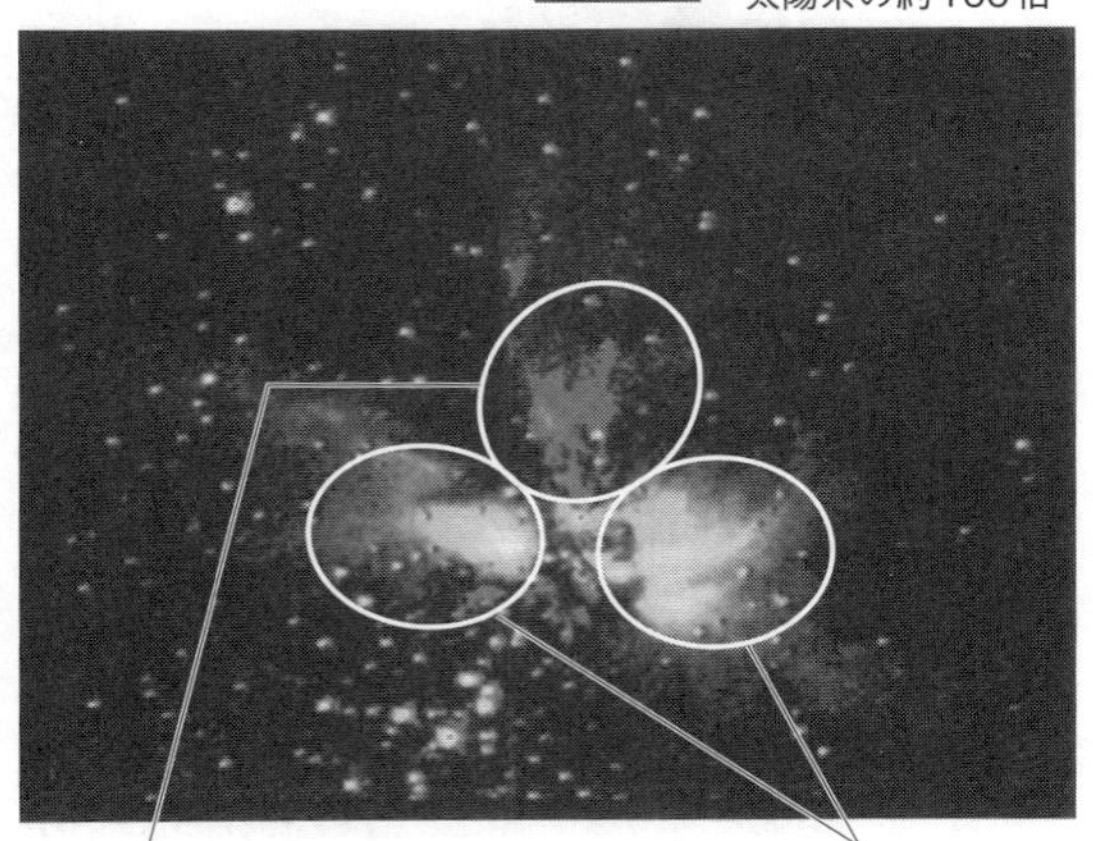



図5-7　オリオン大星雲の中心部分（上）では多数の星が生まれている。この領域を国立天文台が「近赤外線偏光観測装置」で観測してみたところ、太陽系の大きさの400倍以上にもわたって円偏光が大きく広がっていた（下：提供／国立天文台）。色が明るいところほど偏光が強い

線の場合、塵などに遮られて直接観測はできない)。宇宙で生まれた有機物に、そうした円偏光が当たって偏りができ、その状態のまま原始地球に降り注いできた可能性はあるはずだ。現在も、隕石の中に見つかるごく一部のアミノ酸については、左手型のほうが多いと確認されている。

ただ宇宙全体で、円偏光の向き(右か左か)に偏りがあるわけではない。局所的なちがいはあるが、右回りする光も、左回りする光も、おそらく同じだけ星々の間を飛び交っている。つまり、もし左手型を増やすのが左回りの光と仮定したなら、それを浴びる確率は右回りの光を浴びる確率とまったく同じで、結局は「偶然」ということになってしまう。

それはそれで、かまわないといえば、かまわない。宇宙のどこかには我々とは逆のホモキラリティをもつ生命が、いるのかもしれない。それも「生命2・0」のうちだろう。幸い、いつか彼らと接触する日が来ても、我々が「餌」にされる心配は(ほぼ)ないはずだ。

しかし単なる偶然ではなく、タンパク質と核酸でできた生命が、必然的に全宇宙で同じホモキラリティを持つ可能性も、まだ残されている。それを追究しているのが、横浜国立大学大学院工学研究院非常勤教員の高橋淳一(たかはしじゅんいち)さんだ。

## 「対称性の破れ」を利用する生命

本書にご登場いただいた研究者のほとんどは、生物学畑か化学畑の出身者だった。高橋さんは唯一、物理学畑の出身者である。京都大学の理学部を出て、大学院では工学研究科に進み「プラズマ分光学の研究室で、加速器のイオンビームから出る光を分光するようなことをやっていた」という。素粒子物理学とまではいかないが、大雑把に言えば「原子や分子についての研究」が専門らしい。

大学院を出てからはＮＴＴ（日本電信電話株式会社）の研究所に勤務していた。初めは紫外線を使って半導体の薄膜をつくったり、それを削ったりする技術の基礎研究をしていたという。そのうちに、加速器から出る放射光（高速電子が磁場で曲げられるとき、その進行方向に放射される電磁波）も使いはじめた。

今はなくなってしまったが、ＮＴＴも加速器（放射光リング）を持っていた時代がある。半導体回路製造用の「蓄積リング」と、電子を加速するための「加速リング」があった。建造後しばらくすると、蓄積リングでビームライン（放射光を取りだす一連の装置）の稼動が本格化してきた。一方で加速リングのビームラインは、あまり利用されなくなってきた。

それを自由に使っていいというので、高橋さんは、それまでの本業とは別のテーマを探しはじめた。そのときに同僚を介して出会ったのが、第二章にご登場いただいた「がらくた生命」提唱者の小林さんである。

生命起源の研究とはまったく無縁だった高橋さんだが、面白そうだというので小林さんと共同研究を始めた。一応、放射光を使っての「モノづくり」という名目は立てたが、実際につくるのはアミノ酸の前駆体だったりする（79ページを参照）。あまりNTTの事業に役立つとは思えないが、大らかな時代だったのだろう。

そして、次第に自由な研究がしづらくなってきたNTTを退職してからは、日本各地の加速器を利用しながら、生命の起源に関する研究を続けている。今やろうとしているのは、アミノ酸に円偏光紫外線を当てたり、宇宙線に含まれるガンマ線やベータ線（電子線）、ミューオンの粒子線（ビーム）を照射して、左手型と右手型の量に偏りができるかどうかを検証することだ。

ベータ線やミューオンのビームは光ではないので「偏光」はしない。しかし「スピン偏極」といって、たとえばベータ線の場合は、飛んでくる粒子の自転が進行方向に沿って左回りに揃っている〔注51〕。右回りのビームは、人工的につくることはできても自然界には存在しない。そこが光とは異なるところだ。

〔注51〕ミューオンの場合は電荷によって異なり、正ミューオンは左回り、負ミューオンは右回りである。

ベータ線は超新星爆発によって大量に放出されるし、隕石の母体となる小惑星の内部でも出ていると考えられている。また、ミューオンは普通に地球の大気中を飛び交っており、これを読んでいるあなたの体を一秒間に一〇〇個くらい通過しているという。これらのビームにさらされることで左手型のアミノ酸が多くなるのであれば、宇宙のどこであっても、タンパク質を使う生命は必ず同じホモキラリティを持つことになる。つまり偶然ではない。

我々は往々にして、左右対称な図形や物体に「美」を感じる。人間の体が右と左で大きく異なっていたら、違和感を抱かざるを得ないだろう。我々が存在しているこの「宇宙」も、できればいろいろな意味で「対称性」が整っていてほしい。実際に古典力学の見地では多くの点で対称なのだが、よくよく見ると、人体が完全な左右対称ではないのと同様、宇宙にもところどころに「対称性の破れ」がある。

ベータ線やミューオンのビームにスピン偏極があるのは、そうした対称性の破れの結果だ。専門的には「パリティ対称性の破れ」と呼ぶ。パリティというのは「空間反転」のことで、ごく大雑把にいうと「鏡に映した空間でも物理法則は同じか」という問題だ。もし、これが対称だったらスピン偏極は起こらず、ベータ線やミューオンのビームには、左回りも右回りも同じだけあることになる。だが実際は、そうではない。

どうしてなのかは、まだわかっていないが、おそらくはこの宇宙の根本的なありように起因しているのだろう。それが、もしアミノ酸やリボースのホモキラリティに影響しているのだとすれば、我々の体には宇宙の対称性の破れが刻みこまれていることになる。また、ホモキラリティなしにタンパク質や核酸ができなかったことを考えれば、生命は対称性の破れを利用して生きているとさえ言えるはずだ。

「生物学者は分子のレベルから生命への進化を考えていると思いますが、我々は素粒子から原子になり、分子になり、生命になっていくという各階層の間が漸近的なのか、何かジャンプがあるのかというところに興味がある。そう思いはじめたのはキラリティの問題に出会ってからです」と高橋さんは言う。

対称性の破れは、素粒子から分子に至る過程に何があったかを解明するヒントになりそうだ。そもそもベータ線やミューオンのスピン偏極をもたらしたのは、素粒子間の「弱い相互作用（注52）」におけるパリティ対称性の破れなのだが、それを考慮しながら理論的に計算すると、左手型のアミノ酸が右手型よりわずかに安定的だという報告もある。もしそうなら、ベータ線やミューオンのビームが関わっていなくても、左手型が残りやすいのは同じかもしれない。高橋さんらの研究によって、そうした可能性が絞りこまれていくだろう。

〔注52〕物質の基本的な相互作用には、重力相互作用（重力）、電磁相互作用（電磁力）、弱い相互作用（弱い力）および強い相互作用（強い力）の四種類があるとされている。このうち弱い相互作用は、重力相互作用に次いで弱い。

インタビュー時、茨城県東海村にあるJ－PARC（大強度陽子加速器施設）で行う実験を控えていた高橋さんに、「生命2・0」のイメージを聞いてみた。

「我々が理解も発見もしていないが、共通の物理法則を使っていて、見えるような形で空間に殖える生命なら、何らかの非対称性を引っ張っていそうな気がします。今、我々はたまたまホモキラリティを使って、うまくやっていますが、また別の非対称性を使っている生命がいるかもしれません」

ちなみに対称性の破れ（非対称性）にはパリティばかりでなく、日本人三人（うち一人は米国籍）にノーベル物理学賞をもたらした「CP対称性の破れ」や「対称性の自発的破れ」など、ほかにもいくつかある。それらが生命にどう影響しているか（あるいはしていないか）は、まだはっきりしていない。

「破れのどこを使っているかの問題で、素粒子から原子、そして分子へと階層が変わっていくうちに、どこかで枝分かれしていくこともあるのではないでしょうか」と高橋さんは言う。

「もちろん同じ化学の土台を使うんですが、別の対称性（の破れ）を持ったものが出てきても、おかしくはない。我々が直感的には理解できない、たとえば超弦理論の一一次元〔注53〕みたいなところで非対称性を持っている一群がいるかもしれません。や

〔注53〕アインシュタインの相対性理論は、宇宙が空間の３次元と時間の１次元、合わせて４次元からなるとしている。一方、相対性理論と量子力学を統一するために提唱されている「超弦理論」や「M理論」では、宇宙が10次元あるいは11次元からなることを想定している。

はりアミノ酸とリボースの非対称性は持っていて、我々からは同じように見えるのだが、実はもう一つ非対称性を持っている生物があっても、おかしくはないでしょう」

普通、進化による枝分かれは生命の誕生以降に想定されている。しかし本章で見てきた通り、最近は化学進化の過程でもさまざまな「生命０・５」が誕生したと考える研究者が出てきている。ただ、分子以前の段階でさえ、そういうことが起きうると言うのは、今のところ高橋さんだけだろう。

今後は生物学や化学だけではなく、物理学から生命の起源や進化にアプローチしようとする研究者も増えていくはずだ。高橋さん自身は合成生物学者ではないが、さまざまな物理法則から数学的に「ありうる」生命を予測し、それを実際につくってみようとする動きが出てくるかもしれない。

## 生命の紐は、どこから紐なのか？

生命誕生以前から、我々「生命1・0」へと至る道、そしてその先を、主に科学的な見地からたどってきた。読者の方々はどんなイメージを抱いているだろう。本書を読みはじめる前と後とでは、何かが変わっただろうか？

最近になって僕の頭に浮かぶようになった「生命1・0への道」は、一本の紐や縄のイメージである。つるんとしたコードのようなものじゃなくて、何本もの繊維が撚り合わせられているやつだ。それは過去へとたどっていくにつれて、少しずつほどけていく。繊維の一本一本がばらけていき、その繊維自体もまた、さらに細い繊維に分かれて、最後は煙のように見えなくなってしまう。

そうした繊維の一本は、たとえばアミノ酸からタンパク質ができていく過程だったり、核酸塩基からＲＮＡができていく過程だったり、脂質から袋のような構造体ができていく過程だったり、あるいは鉱物の表面でＡＴＰのようなエネルギー源ができていく過程だったりする。

どれが先に始まったということはない。それぞれが絡み合い、お互いに影響し合っていくうちに、だんだんと一本の紐に撚り合わさっていく。その途上で、あちこちに「生命０・１」や「０・２」「０・５」などが生まれていったのだろう。

最後はさまざまな種類の「生命０・９」が集まって、お互いに支え合い、補い合っていたはずだ。そして、どこかの時点で、しっかりと「紐」と呼べる状態になる。それが「生命１・０」誕生の瞬間だ。

しかし我々はその瞬間を特定できるだろうか。紐の端っこをたどっていって「ここからがちゃんとした一本の紐です」などと言えるだろうか。おそらく無理だ。それを決めようとして繊維をほぐしたりすると、ますますわからなくなってしまう。

つまり「点」としての起源は見つからない。そういう意味では、我々の一人一人が生命になった瞬間を、精子や卵子の段階から出生に至るまでの間で、ピンポイントに決められないことにも似ている。

そして紐のもう一方の端、つまり未来を追いかけていっても、同じことが言えるかもしれない。紐はいつまでも一本のままだろうか。また解けて枝分かれしたり、あるいはまったく別の世界で生まれた紐が、絡みついてきたりはしないだろうか。そのときに、どこまでを「生命1・0」だと決められるだろう？

答えは誰にもわからない。だが、たぶん「生命1・0」の死と「生命2・0」の誕生も、点では決められないはずだ。一定の時間的・空間的な幅の中で、何か急激な変化が起きる。その先の可能性は無数にあるだろう。生命誕生への道筋が、おそらく無数にあったのと同じように――。

# 本書の未来

## 「生命」はつくれても「死」はつくれない？

英語に「ブレインチャイルド（brainchild）」という言葉がある。英和辞典では「頭脳の所産、創作品、着想、創案」といったように書かれているが、直訳すれば「脳の子供」だ。作家や芸術家は、よく自分の作品を「我が子のようだ」と言ったりする。研究者であれば、さしずめ自分の研究成果や論文がブレインチャイルドになるだろう。「チャイルド」と呼ぶからには「生命」である。

本書もまちがいなく僕のブレインチャイルドだ。我が子のように、かわいい。当然、その行く末も気になる。誰の手に渡り、どのような子孫を残し、そしていつ死を迎えるのか、あるいは永遠に生き続けるのか？

いや、冗談で言っているわけではない。第四章で触れてもよかったのだが、ここまでとっておいたエピソードを一つ紹介しよう。

科学者にしてアーティストの岩崎さんが、常陸太田市に微生物や人工生命の塚を建てたとき、それにからめてさまざまな研究者へのインタビューを行った。その中で「慰霊に値する生き物とは何か」という質問をした話は、すでに紹介した。

一方で、ある若手研究者には「人工細胞にとっての『死』とは何か」という質問もしている。

すると「人工細胞は死なないのではないか」という答えが返ってきた。「たとえば凍らせるなどして代謝や増殖を止めたとしても、つくったものなので何か手を加えれば、もとの状態に戻せる。死ぬような細胞は人工ではない」と言うのだ。

それに対して岩崎さんが「では生きものはつくれても、死はつくれない？」と重ねて聞くと、「そうですね。つくっているからには、再現できる。でも死ぬということは、再現性がないということでしょう」というように答えている。

再現性がある、というのは科学にとって重要なキーワードだ。たとえば何か画期的な人工細胞を開発したと主張しても、それが同じ手法や材料で、くり返し再現できなければ成果とは認められない。「何かの加減やまちがいで、たまたまできてしまったモノ」とみなされてしまう。二〇一四年に起きた「ＳＴＡＰ細胞」の騒ぎを思いだしていただければ、わかるだろう。

一方で、その再現性があるからこそ、人工細胞は死なないという主張なのである。確かに正しいような気もするが、何となくモヤモヤする。岩崎さんも、この話に触れた講演で、そのように漏らしていた。「そもそも死なない生命は、生命なのか？〔注54〕」と。

〔注54〕細菌やヒーラ細胞に寿命はないが、死がないわけではない。運がよければ何十年、何百年と生きるかもしれないが、食べられたり干からびたり殺されたり、いつどんな災厄に見舞われるかわからない。永久に生きられる確率は、無視できるほど小さいだろう。

僕のブレインチャイルドである本書は、おそらく数千部は刷られるだろう。それらはすべて同じ表紙で、同じ内容である。その点では、同じ材料と手法でつくられた数千の人工細胞と似ている。

本たちは書店に運ばれ、さまざまな人の手に渡るはずだ。しかし売れなければ、いずれ版元の講談社に返品され（悲しい……）、たぶん一時的には倉庫などに積まれる。そして一定の期間が過ぎたら、バラバラに裁断された上で捨てられるだろう（胸が痛む）。これは本書の「死」だろうか。

ただ、一冊も売れないということは、おそらくないし（そう祈る）、一部の図書館には収められるはずだ。だからすべての本書が捨てられることはない。

いやいや、もしかしたら本書を「大嫌いだ。こんな本がこの世に存在するのは許せない！」という変な人が現れて、あらゆる図書館や個人の書棚から本書を盗みだし、燃やしてしまうかもしれない（ひどすぎる）。

ただ、そうなったとしても版元がその気になれば、まったく同じものを何度でも刷り直すことが可能だ。そういう意味で本書は「死なない」とも言える。

人工細胞もおそらく同様で、いったん全部を廃棄してしまったとしても、同じ材料と作成手順の記録が保存されていれば、寸分たがわないものを再現できる（できなければならない）。ゆえに「死」はない。

だが、そう言い切ってしまうと、何かが失われたような気がしてしまう。

数千冊ある本書は同じ表紙で同じ内容だが、実はどれも異なっている。なぜなら使われている紙とインクが、ちがうからだ。同じ種類の紙やインクを使っているかもしれないが、物質としては異なる。

そして、ある一冊は図書館の本棚に入り、多くの人に触れられて、どんどん汚れ、くたびれていくかもしれない。また別の一冊は誰かに買われて机の上に積まれ、そのまま一度も開かれることはないかもしれない。

そして、あなたの手元にあるこの一冊は、少なくともこの一行に至るまでは読まれて大切にしまわれ、あるいは「これ、すごく面白いよ」と誰かに手渡されるかもしれない（お願いします）。少なくとも生みの親の僕からすると、そうした一冊一冊の本書が、どれも同じだとは思えないのである。

さらに本書の内容から何かインスピレーションを得た人が、それをもとに今度は自分で別の本を書いたとする。その本は僕にとっていわばブレイン「グランド」チャイルド、つまり孫のようなものだ。子をなした本書の一冊は、その人の書棚で幸福な年月を重ね、あるとき、持ち主の棺桶に入れられて灰になるかもしれない。それが「死」でなくて何だろう。

同じ材料と手順でつくられた人工細胞も、実は一つ一つが異なる。そのDNAやRNAに書かれた情報は同じかもしれないが、核酸自体は物質として同じではない。そして一つ一つがたどっていく歴史も、異なっていくだろう。

ほとんどの細胞は試験管の中で漂っているだけかもしれないが、ある細胞は何か重要な実験に使われたりするかもしれない。また別の細胞は写真を撮られて、学術誌の表紙を華々しく飾ったりするかもしれない。

さらに別の細胞は研究者が家に持ち帰って、きれいな専用の器に移し、たとえば「アルジャーノン」という名前をつけて、大事に飼いはじめるかもしれない。毎朝、顕微鏡ごしに見つめられて「おはよう、アルジャーノン」などと声をかけられたら、もはや他には代えがたいペット以外の何物でもないだろう。

もし研究者が留守中に、奥さんや子供がうっかり細胞の入った器を壊してしまったとする。帰ってそれに気づいた研究者は泣きながら破片を集め、裏庭に埋めて墓を建てるかもしれない。職場に戻れば同じ材料と手法でつくった人工細胞はいくらでもあるはずだが、その中のどれ一つとして「アルジャーノン」と呼ばれることはないだろう。

世の中には自分の脳や体の情報をコンピュータなどにすべて移して、永遠に生きることを目論んでいる人がいるらしい。その野望に水を差すつもりは毛頭ないが、そういう人でも僕はやっぱり死ぬと思う。コンピュータの中に構築されるのは、同じ記憶や人格を備えていたとしても、おそらく別人だ。

本書のために取材を重ね、さまざまな文献を読み、そして原稿を書いているうちに、僕はそんなことを考えるようになった。ちょっと、せつないような気もするが、モヤモヤ感なしに納得はできる。

## 生命認識と恋愛は、よく似ている

ここで本書を閉じていただいても、かまわないのだが、せっかくここまで読んでいただいたので、最後に与太話を一つ。

一般向けに人工知能（ＡＩ）の仕組みや応用、社会への影響などを伝えるテレビのシリーズ番組で、「恋愛」をテーマにしていたことがあった。そのときのホストは人工知能学者とお笑い芸人、ゲストは恋愛ドラマを得意とする脚本家（女性）や、実際にＡＩを開発している技術者などである。

前半から中盤では「恋愛マッチングアプリ」や「恋愛相談アプリ」などに使われているＡＩ技術のデモがあった。しかし最後に出てきたのは、愛玩用のロボットである。「愛する対象は人間でなくてもいいのでは」という発想で開発されたらしい。

ＡＩのほかカメラやセンサーなどが組みこまれており、一〇〇〇人までを見分けられて、音声認識もできる。ただ自分ではしゃべらず、何種類かの鳴き声を発するだけだ。部屋の様子も認識して勝手に動きまわり、やさしくしてくれそうな人には近づいて甘えるような仕草を見せる。実際に抱いたり撫(な)でたりしてかわいがれば、どんどんなついていく。

ゲストの脚本家は「娘がアレルギーで猫は飼えないから、代わりにいいかも」などと言いながら、ひとしきりロボットとのふれあいを楽しんでいた。なかなか気に入った様子なのだが、最後に「やっぱり引っかかる。生きものじゃない、心を持たない物に、心を動かされたり頼ったりするのは、正しいことなのか……」と首をかしげる。そして「恋愛相談でも、言葉を集積して解析して出されたもので、自分の悩みが解決されることが腑に落ちない。誰かがそこにいて、考えてほしいという気持ちがある」と漏らす。

これに対してホストの芸人が「ＡＩも含めて、つくり物を愛するということは、前から人間はけっこうやってると思う。たとえば僕は車やバイクが好きで、生きものみたいに愛する気持ちはある。だからＡＩやロボットに愛情を持つのも、そんなに不思議ではない気がする」などと答える。

それを受けてロボットの開発者は「どうコンテクスト（過程や経緯などの文脈）を作るかだけ

だと思う。何かの偶然があって、恋に落ちる。その偶然というコンテクストがあると我々は思いこむだけ——。だとするとコンテクストというのは愛への入り口の補助にすぎなくて、大事なのはやっぱり愛している状態なんじゃないか」と発言する。

すると脚本家は「なんかゾワゾワ、イライラする！」と叫ぶ。そして「なんかちがうけど、なんかすごい正しい、みたいな。これで一本書けそうな感じ」とも言う。

こうした場面を見ながら、僕の頭にあったのは「生命認識」との対比だった。どうも岩崎さんとのやりとりや、原稿を書いている自分の中での問答に、似ているような気がしたからだ。

確かに相手の属性（見た目や性格、身分など）とか、出会いから恋愛に至るコンテクストは、「愛」が生じるきっかけにはなるかもしれない。ただ、いったん生じてしまえば、属性やコンテクストは、だんだんどうでもよくなってくる。時間が経てば、すっかり忘れてしまう場合もある。それより相手との関係を維持することが、大事になってくる。「恋愛なんて、しょせん勘ちがいだ」などと言われる所以だろう。

生命認識においても、我々はどちらかというと「属性としての生命」より「状態としての生命」を重視している気がする。だから大人になっても「素朴生物学」あるいは「アニミズム」を捨てきれない。そういう心性があるのではないか。

つまり、いったん「生きている」と思ってしまえば、対象に物理化学的な生命システムがあるかどうかや、動きまわっているかどうかなどは、さほど気にならなくなってしまうのかもしれない。

さらに言い換えると、個人にとって、生命の「マーブルケーキ」を構成しているさまざまな要素は、おそらく最初から最後まで同じではないのだ。その割合は常に変化している。最初は「科学の対象となるような生命性」が大きかったかもしれないが、だんだん相対的に小さくなっていき、その代わりに「対象との関係性に宿る生命」が大半を占めていく、といったように——。ただ、もっと面白いのは脚本家の叫びだ。これは生命を研究する科学者の叫びであるようにも聞こえる。

脚本家はなぜ「ゾワゾワ」だけではなく「イライラ」すると言ったのか。一つの原因は、おそらく職業意識の問題だろう。恋愛ドラマは、まさに出会いから恋愛へのコンテクストがストーリーの核心部分であって、それをなくしたり、軽んじたりするわけにはいかないからだ。

そして、もう一つ考えられるとすれば、脚本家が女性だからかもしれない。いや、大きな思いちがいであれば謝るしかないのだが（たぶん謝ることになるだろう）、僕の経験からすると女性は男性よりコンテクストにこだわる。

つきあいはじめて結構な時間が経ってから、女性は「ねえ、あなたあのとき、どうして私に声をかけたの」とか、「いつごろ何がきっかけで好きになったの」などと唐突に聞いてくることがあるのだ。しかし、たいていの男性は細かいことなど忘れているし、そもそも惚れた理由や時期が明確ではなかったりするので、慌てふためくことになる。一方の女性は「私はあのとき、あなたのこんなふるまいが素敵だと思ったから、好きになったのよ」などと、とうとうと語ったりする。

ただ女性のほうも、ある程度それは「後づけ」だと、心のどこかでわかっているのではないか。それで「イライラ」するし、思いこみだと言われれば「なんかちがうけど正しい」と、しぶしぶ認めはする。

確かめてはいないが「人工細胞・人工生命之塚」を前にした研究者は、たぶん似たようなことを口にしたくなるのではないだろうか。「なんかちがうけど正しい」と——。そしてゾワゾワ、イライラしてくるのだ。その原因になっているのは、彼や彼女らの職業意識と信条、あるいは美学なのかもしれない。

生命は「自他を区別する境界があり、代謝と自己複製をするものだ」とか、いや「進化をするものだ」とか、「動的平衡系だ」とか、「数学的にはこう記述される」とか、さまざまに定義されてきた。しかし、どれをとってみても結局、誰かがモヤモヤ、イライラすることになる。

当たり前かもしれないが、たぶん生命は人間があれこれ考えるより、はるかに多様で豊かなのだろう。

ならば、さまざまな恋愛を楽しみ、甘さや苦さを味わうように、さまざまな生命を楽しみ、味わうのがいい、とも言えるのではないか。少なくとも研究者ではない僕のような素人には、それが許されている。

ということで皆さん、一緒にゾワゾワ、ザワザワしていきましょう。

# 謝辞

本書は僕のブレインチャイルドだが、実際は多くの方々のブレイン「グランド」チャイルドでもある。つまり「無」から生じたわけではない。公私にわたるさまざまな場面で、貴重な知識や体験を僕にもたらしてくださった方々がいなければ、本書は存在しなかった。

四半世紀もの長きにわたって、僕に数えきれないほどのブレインチャイルド（ブレインチルドレンと言うべきか）を授けてくださったのは、横浜国立大学大学院教授の小林憲正さんだ。また小林さんを通じて、僕は多くの研究者の方々と知り合うことができた。

そして、三年近く前に初めてお目にかかって以降、会うたびにユニークで魅力的なブレインチャイルドを授けてくださったのは、早稲田大学理工学術院教授の岩崎秀雄さんだ。常陸太田市にある「人工細胞・人工生命之塚」や「微生物之塚」に、わざわざマイカーで案内してくださったことを懐かしく思いだす。

小林さんと岩崎さんのお二人には、ご自身のご研究に関する長時間の取材に応じていただいたほか、本書草稿のほぼ全体に目を通していただき、貴重なご意見とご指導を賜った。伏して御礼申し上げたい。

そして次にお名前を挙げる方々にも、取材に応じていただくとともに、草稿の一部、あるいは全体について、的確なご指摘とご意見をいただいた。

東京薬科大学名誉教授の山岸明彦さん、東北大学准教授の古川善博さん、海洋研究開発機構研究員の車兪澈さん、東北大学准教授の野村 M. 慎一郎さん、東京大学大学院准教授の豊田太郎さん、東京工業大学地球生命研究所特任准教授の藤島皓介さん、東京大学大学院講師の田端和仁さん、横浜国立大学大学院非常勤教員の高橋淳一さん――本当に、ありがとうございました。

また本書のもとになったウェブ連載「生命1・0への道」では、これらの方々以外にも取材に応じていただき、ご研究に関する記事を書かせていただいた方々がいる。主に紙幅の関係から本書に含めることはできなかったが、やはり心から御礼申し上げたい。

多くの方々にご協力いただいたとはいえ、本書の内容に関する責任はすべて筆者にある。もし、まちがいや不適切な記述があった場合は、ひとえに僕の不勉強や理解不足のためであることを申し添えておきたい。

最後に「生命1・0への道」の連載開始から本書の出版に至るまで、辛抱強くおつきあいいただいた講談社ブルーバックスの山岸浩史さん、ありがとうございました。

二〇一九年八月吉日

藤崎慎吾

Symmetry（2019）Vol. 11, Issue 7, 919
小林誠「受賞記念講演 対称性の破れとは」学術の動向（2009）6月号

**【本書の未来】**

「人間ってナンだ？超AI入門　シーズン２　第７回『恋愛する』」Ｅテレ（2019）

【第五章　2　「生命2.0」は、すでに誕生しつつある？】
坂本健作「大腸菌の遺伝暗号の改変がもたらす組換えタンパク質生産技術の革新」化学と生物（2016）Vol. 54, No.5
渡邉貴嘉 他「４塩基コドンを用いた無細胞翻訳系における飽和変異法の開発」生物工学（2008）第88巻２号
Denis A. Malyshev 他「A semi-synthetic organism with an expanded genetic alphabet」Nature（2014）Vol. 509, Issue 7500
Yorke Zhang 他「A semi-synthetic organism that stores and retrieves increased genetic information」Nature（2017）Vol. 551, Issue 7682
Shuichi Hoshika 他「Hachimoji DNA and RNA: A genetic system with eight building blocks」Science（2019）Vol. 363, Issue 6429
Dwayne Brown 他「NASA-Funded Research Creates DNA-like Molecule to Aid Search for Alien Life」NASA（2019）
https://solarsystem.nasa.gov/news/859/nasa-funded-research-creates-dna-like-molecule-to-aid-search-for-alien-life/

【第五章　3　体に刻まれた宇宙の非対称性】
小林憲正『生命の起源―宇宙・地球における化学進化』講談社（2013）
ブレット・マクガイア 他「生命および宇宙における鏡像対称性の破れ」パリティ（2017）Vol. 32, No. 06
高橋淳一「偏極量子ビーム利用による生体有機分子への光学活性発現実験の現状」Isotope News（2018）No. 755
Jun-ichi Takahashi 他「Origin of Terrestrial Bioorganic Homochirality and Symmetry Breaking in the Universe」

【第四章　2　フランケンシュタインの大腸菌】
Yoshiki Moriizumi 他「Hybrid cell reactor system from *Escherichia coli* protoplast cells and arrayed lipid bilayer chamber device」Scientific Reports（2018） 8：11757
William Martin 他「On the origins of cells: a hypothesis for the evolutionary transitions from abiotic geochemistry to chemoautotrophic prokaryotes, and from prokaryotes to nucleated cells」Philosophical Transactions of the Royal Society B（2003）Vol. 358、Issue 1429

【第四章　3　「人知れぬ命」と「生まれていないもの」の墓】
岩崎秀雄「“生命をつくる”ということに関する2、3の補助線」NEXT WISDOM FOUNDATION（2018）http://nextwisdom.org/article/3131

【第四章　4　「神」は死んだ。そして「生命」も……】
岩崎秀雄「生命美学とバイオ（メディア）アート——芸術と科学の界面から考える生命」SYNODOS（2017）https://synodos.jp/science/19883/2
岩崎秀雄「生命は最後のスーパーコンセプト？」kotoba（2014）夏号

【第五章　1　幻のエイリアンまたはミュータント】
Richard A. Lovett「モノ湖の細菌、ヒ素では増殖しない」National Geographic（2012）https://natgeo.nikkeibp.co.jp/nng/article/news/14/6367/
海部宣男他編『宇宙生命論』東京大学出版会（2015）

**【第四章　1　僕はいつ「死」を迎えるのか】**
手嶋豊『医事法入門』有斐閣（2011）
小松美彦 他『いのちの選択』岩波ブックレット（2010）
峯村芳樹 他「生命観の国際比較からみた臓器移植・脳死に関するわが国の課題の検討」保健医療科学（2010）Vol. 59, No. 3
岡田雅勝「脳死問題と〈脳幹死論〉の論理」旭川医科大学紀要（1992）Vol. 13
サム・パーニア 他、浅田仁子訳『人はいかにして蘇るようになったのか』春秋社（2015）
Kastalia Medrano「Where Do You Go When You Die? The Increasing Signs That Human Consciousness Remains After Death」Newsweek（2018）https://www.newsweek.com/where-do-you-go-when-you-die-increasing-signs-human-consciousness-after-death-800443
Alex E. Pozhitkov 他「Tracing the dynamics of gene transcripts after organismal death」Open Biology（2017）7：160267
レベッカ・スクルート、中里京子訳『不死細胞ヒーラ ヘンリエッタ・ラックスの永遠なる人生』講談社（2011）
ウラジーミル・ジャンケレヴィッチ、仲澤紀雄訳『死』みすず書房（1978）
アマンダ・ベネット「死は必ずしも永遠の別れではない」ナショナルジオグラフィック日本版（2016）４月号
「変わり果てた遺体が食卓の前に鎮座して…死者とともに暮らす人々」クーリエ・ジャポン（2017）https://courrier.jp/news/archives/92749/

**【第三章　２　単なる油の粒でも、これだけやれる】**
オパーリン、江上不二夫編『生命の起原と生化学』岩波新書(1956)
A. I. オパーリン 他『生命の起原への挑戦』講談社ブルーバックス（1977）

**【第三章　３　光合成と細胞分裂を実現する】**
Samuel Berhanu 他「Artificial photosynthetic cell producing energy for protein synthesis」Nature Communications (2019) 10：1325
Yutetsu Kuruma「Light-Driven Artificial Cell」Nature Research Bioengineering Community（2019）https://go.nature.com/2HRrWnp
金森崇 他「無細胞タンパク質合成系の高度化と合成生物学への展開」生化学（2017）第89巻２号
川合良和「細胞膜の過剰生産が起こす細胞分裂」生命誌ジャーナル（2013）78号

**【第三章　４　分子版「ジュラシック・パーク」の世界】**
長瀬忍 他「ヒトのくせ毛の微細構造」粧技誌（2009）第43巻３号
藤島皓介「シンセティック・アストロバイオロジー」細胞工学(2015～2016)
Kousuke Fujishima 他「Reconstruction of cysteine biosynthesis using engineered cysteine-free enzymes」Scientific Reports（2018）８：1776

com/thoughtomics/did-life-evolve-in-a-warm-little-pond/
米本昌平『時間と生命』書籍工房早山（2010）
Stanley L. Miller「A Production of Amino Acids Under Possible Primitive Earth Conditions」Science（1953）Vol. 117, Issue 3046
小林憲正『生命の起源―宇宙・地球における化学進化』講談社（2013）
山岸明彦『アストロバイオロジー』丸善出版（2016）
Robert D. Ballard「Notes on a Major Oceanographic Find」Oceanus（1977）Vol. 20, No. 3
「The Discovery of Hydrothermal Vents」Woods Hole Oceanographic Institution（2002）https://divediscover.whoi.edu/archives/ventcd/vent_discovery/
A. S. ブラッドリー「深海底のロストシティーが語る生命の起源」日経サイエンス（2010）３月号

**【第二章　２　海底の熱水噴出域vs.陸上の温泉地帯】**

山岸明彦『アストロバイオロジー』丸善出版（2016）

**【第二章　３　もう一つのシナリオと隕石衝突】**

Peter Schulte 他「The Chicxulub Asteroid Impact and Mass Extinction at the Cretaceous-Paleogene Boundary」Science（2010）Vol. 327, Issue 5970

**【第三章　１　キッチンで人工細胞をつくろう！】**

須田桃子『合成生物学の衝撃』文藝春秋（2018）
Kendall Powell「How biologists are creating life-like cells from scratch」Nature（2018）Vol. 563, Issue 7730

柴田純「“七つ前は神のうち”は本当か――日本幼児史考」国立歴史民俗博物館研究報告（2008）第141集
千葉徳爾 他『間引きと水子』農山漁村文化協会（1983）
松崎憲三「堕胎（中絶）・間引きに見る生命観と倫理観―その民俗文化史的考察―」日本常民文化紀要（2000）第21輯

**【第一章　2　僕はいつ「生命」と出会ったのか】**

Jean Piaget『The Child's Conception of the World』London, Routledge & K. Paul（1929）
堅田弥生「幼児・児童における生命概念の発達　その１　―生命認識の手がかりとその変化―」教育心理学研究（1974）第22巻１号
稲垣佳世子「生物学の領域における概念変化」心理学評論（2011）Vol. 54, No. 3
布施光代 他「幼児における生物と生命に対する認識の発達」心理科学（2006）第26巻１号
布施光代「生物概念と生命概念の階層構造」名古屋大学大学院教育発達科学研究科紀要. 心理発達科学（2004）Vol. 51
布施光代「幼児の理科的概念の発達」『算数・理科を学ぶ子どもの発達心理学』ミネルヴァ書房（2014）

**【第一章　3　二種類の「起源」】**

藤岡換太郎『川はどうしてできるのか』講談社ブルーバックス（2014）

**【第二章　1　生命はどこで誕生したのか】**

Lucas Brouwers「Did life evolve in a “warm little pond”?」Scientific American（2012）https://blogs.scientificamerican.

## 出典・参考文献

本書は下記の連載記事を再構成した上で大幅に加筆・修正し、さらに書き下ろしの原稿を加えたものである。
藤崎慎吾「生命1.0への道」講談社ブルーバックス公式ウェブサイト（2017〜2019）
https://gendai.ismedia.jp/list/series/seimei10
それ以外の出典や主な参考文献は、以下の通りである。


**【本書の起源】**
小林憲正『アストロバイオロジー』岩波書店（2008）
岩崎秀雄『〈生命〉とは何だろうか』講談社現代新書（2013）

**【第一章　1　僕はいつ「生命」になったのか】**
塩見淳「人はいつ人になるのか？―刑法から見た人の始期について―」産大法学（2006）40巻２号
宮崎亮一郎「母体保護法（診療の基本，研修コーナー）」日産婦誌（2007）59巻３号
河野啓 他「日本人は“いのち”をどうとらえているか〜『生命倫理に関する意識』調査から〜」放送研究と調査（2015）４月号
国分拓『ヤノマミ』NHK出版（2010）
ユヴァル・ノア・ハラリ、柴田裕之訳『ホモ・デウス』河出書房新社（2018）
アレシャンドゥロ・ヴァリニャーノ、松田毅一訳『日本巡察記』平凡社東洋文庫（1973）
ルイス・フロイス、岡田章雄訳注『ヨーロッパ文化と日本文化』岩波文庫（1991）

## 【や行】



## 【ら行】

【ま行】

**【な行】**



**【は行】**

【た行】

【さ行】

# さくいん

（斜体は脚注の語句）

## 【あ行】

N.D.C.461　318p　18cm

ブルーバックス　B-2103

我々は生命を創れるのか
合成生物学が生みだしつつあるもの

2019年8月20日　第1刷発行

著者　藤崎慎吾
発行者　渡瀬昌彦
発行所　株式会社講談社
〒112-8001　東京都文京区音羽2-12-21
電話　出版　03-5395-3524
販売　03-5395-4415
業務　03-5395-3615
印刷所　（本文印刷）株式会社新藤慶昌堂
（カバー表紙印刷）信毎書籍印刷株式会社
製本所　株式会社国宝社

定価はカバーに表示してあります。


ISBN978-4-06-516778-6

発刊のことば

# 科学をあなたのポケットに

二十世紀最大の特色は、それが科学時代であるということです。科学は日に日に進歩を続け、止まるところを知りません。ひと昔前の夢物語もどんどん現実化しており、今やわれわれの生活のすべてが、科学によってゆり動かされているといっても過言ではないでしょう。

そのような背景を考えれば、学者や学生はもちろん、産業人も、セールスマンも、ジャーナリストも、家庭の主婦も、みんなが科学を知らなければ、時代の流れに逆らうことになるでしょう。

ブルーバックス発刊の意義と必然性はそこにあります。このシリーズは、読む人に科学的に物を考える習慣と、科学的に物を見る目を養っていただくことを最大の目標にしています。そのためには、単に原理や法則の解説に終始するのではなくて、政治や経済など、社会科学や人文科学にも関連させて、広い視野から問題を追究していきます。科学はむずかしいという先入観を改める表現と構成、それも類書にないブルーバックスの特色であると信じます。

一九六三年九月　野間省一